暦と時間の歴史

Leofranc Holford-Strevens 著

正宗 聡 訳

SCIENCE PALETTE

丸善出版

The History of Time

A Very Short Introduction

by

Leofranc Holford-Strevens

Printed in Japan

目次

序章

読者の方はこの本のタイトルを見て、時間の哲学や物理学の問題を吟味するのだろうと思われたかもしれない。たとえば時間にはじまりがあるのか、あるいは終わりがあるのか、空間と時間の法則はブラックホールでは適用されないのか、時間の流れを逆にして過去を変えることはできるのだろうか……。

こうした問題は面白い疑問だが、私の関心を引かない。西暦二六八年頃、偉大なる新プラトン主義の哲学者プロティノスはこう語った。われわれはひっきりなしに、時代や時間について、あたかもそれが何であるかを承知しているかのように語る。しかし、いざ時間の問題を突きとめようとすると、途端に困ってしまう、と。このことは、それから約一三〇年後、聖アウグスティヌスによって再び簡潔に述べられている。彼いわく、「時間とは何か、誰も私に尋ねないのであれば、私には時間とは何かがわかる。しかしもし時間を説明するとなると、私にはわからなくなる」。

この本では、知識をひけらかすといったことをするつもりはない。時間は宇宙の四番目の次元なのか、抽象的なものが具体化したものなのか、連続的なのか非連続的なのか、計測できる運動から独立して存在しうるのかどうか、「天地創造以前」とか「ビッグバン以前」という語句における「前」という語に何らかの意味を与えられるのかどうか……。こうした問題はほかの方々に任せたい。前述の聖アウグスティヌスは、神は世界を創造する前は何をしていたのかという問いに対して、次のようなおどけた答えを不本意ながらも引用したそうだ。「そのような聡明な問いを思いついた人々のために、神は地獄をつくろうとしていたのだ」。私はこの引用の中身がひょっとしたら本当かもしれないので、そうした質問はあえてしないつもりである。

また私は時間が一方的に進むのか循環するのかについても考察しないつもりだ。後期ギリシャ・ローマ時代の異教信仰で尾を食べる蛇と象徴されている循環的な時間に対して、直進的な時間はユダヤ教、キリスト教共通の得意芸であるというのは本当ではない。当時の哲学者の中にも、循環するという視点で時間を語った者は実際にいた。これらは概念的な問題だが、私は議論しないつもりだ。むしろ私は日常言語における時間、すなわち一般の人にとっての時間に絞り、もっぱら時間経過の計測方法について、現在のものだけでなく歴史上のものについても述べるつもりである。

英語の「タイム」という語は、「さまざまに細かく区切られた時間」を指すことがある。それは「短い時間」、すなわちあまり長くない時間といったものから、「ファラオ王の時代」、すなわち約三〇〇〇年間を指したりもする。この語はまた、『オックスフォード英語辞典』が説明しているように、「細かく区切られていない連続した持続時間」を指すこともある。その持続時間の中で、すべての出来事は「起こってしまった」「いま、起こっている」「この先、起こる」のうちのいずれかの姿を見せる。この概念はプロティノスと聖アウグスティヌスをこのうえなく戸惑わせたものだが、抽象的な思考ができるという高度な能力があってはじめて抱くことが可能なものである。またホメーロスのものとされ、紀元前八世紀から七世紀の間に書かれたと推定される叙事詩において（この時代をギリシャ人は、自分たちの文化の礎がつくられたと見なしている）、クロノス（chrónos）という語は「時間が過ぎたこと」[1]だけを指し、われわれが時間そのものと考えたくなるものを意味していない。それでも紀元前六世紀初期に生きた偉大なる立法者ソロンは、すでに時間そのものといった意味でクロノスという語を使っていた。彼は時間を判事になぞらえ、「時の裁判所において」という言い方をした。それ以降、この限定なき連続した持続時間は、西洋文明にとってあまりにもなじみのある概念になり、進んだ文化においてこの概念がないということは想像しがたい状態である（もっとも最近になって、旧約聖書にもラビの文献にもそんな概念は出てこないという主張がなされた）。そして、どんな社会においても（たとえ時間そのものが知られていなくても）、時間を計る必要はあるのだ。この本では、時間の経過がこれまでどのように測られてきたのか、正にその方法を紹介したいと思う。

ホメーロスは、年、月、日を表す言葉を使っていた。彼の著作が係争や裁判に触れるとき、時間計測について一つの重要な文脈を思い出す。それはホメーロスの生きた比較的単純な社会においてさえ、係争での勝利は出来事の有無ではなく、ある出来事が別の出来事よりも前に起こったかどうかにかかっていたはずだという文脈である。仮に二つの出来事が同一の人々に目撃されたというならば問題はない。しかしそうでない場合、二つの出来事をいずれも何か第三の出来事の前後に関係づけて考えなくてはならない。願わくばそれは、争いの両者とそれを裁く人物によく知られた出来事であってほしい。たとえば、町の判事の結婚式とかである。そのような出来事がない場合には困った事態となるが、争いに関する詳細がその社会で認められた時間軸上に位置付け可能となれば話は別である。

人間のさまざまな行動を記録したり調整したりするには、さまざまな出来事を規則的かつ予測可能な一連の自然現象に関係づける必要がある。そうした記録や調整のシステムは人工的なものであり、部分的に、あるいは完全に互いに独立したものとして進歩してきた。そのため、細かな点では異なる部分が多い。しかしそうした差異も、自然、特に地球の自転、月の公転、太陽の公転が相手となれば、そうたくさん種類があるわけではない。最も広く流布した時間を計る単位、すなわち日、月、年の根底にあるのはそれぞれこれら三つの運動である。

人々の生活が複雑になればなるほど、われわれの知性は単にある年と別の年、ある月と別の月、ある日と別の日を区別すること、あるいは一日を細かく分けた時間区分同士を区別することだけでは満足しなくなっていく。これに加えて知性は、区別された時間区分を互いに関連づけたいと思うようになる。後者の場合、異なる文化が各々確立したシステム同士を比較し、そこで使われている見かけ上、似た名称が、実際は異なるものか、あるいは同じ対象が異なる名称でよばれているのかどうかを見極める必要がある。

時間計測では多くの場合、自然に頼りきりになっていると不都合が生じる。それゆえ時には自然に忠実になることを放棄してしまう場合もある。たとえば西洋では、一日の時刻を告げる方法において、そうした放棄が何度も繰り返しなされてきた。逆に、不都合を承知の上で耐え忍ぶ場合もある。たとえばグレゴリウス一三世は、自然に忠実であろうとローマ暦をより正確なものにしたが、その改革は暦の複雑化に拍車をかけた。対照的に、「年」の名称の場合には、自然との対応づけを考えなくてもよく、完全に便利さだけを追求できるものである。それゆえ「年」は、いとも簡単に抽象化される。一九六一年のはじめ、電気製品の製造会社が自社の商品を「ミセス一九六一年」と銘打って売り出したそうだ。当時の主婦たちはミセス一九六一年モデルで、最新の掃除機や最新の冷蔵庫をこぞってそろえはじめた。そのようにして会社の売り上げに貢献するミセス一九六一年であったが、その貢献に対する見返りは一九六二年には古いとして形もなく消え去る運命にあった。

ミセス一九六一年は、われわれがつくり出した特別な暦で計測された年数、特別な紀元で数えられた年数に、慣習以上の現実性を思ってしまうことへの犠牲者であった。実際、西暦以外の暦において、キリスト紀元の一九六一年という年は一九六一年ではない。あるインドの紀元では、この年は一八八二年と一八八三年、双方の部分から成り立っている。また別のインド紀元では二〇一七年と二〇一八年、エチオピア紀元では一九五三年と一九五四年、ユダヤ紀元では五七二一年と五七二二年、イスラム暦では一三八〇年と一三八一年と、それぞれ二つの年の部分から成り立っている。

しかし抽象化は、年よりもさらに大きな単位にまで及ぶ。「六〇年代」、すなわち一九六〇年代は一つの一〇年間を丸ごと、政治的な反乱や文化的な革新が起こった時代として記す言葉である。また一八九〇年代が「悪しき九〇年代」とよばれる理由は、エリートたちが中産階級の因習的儀礼に従うことを偽善的であると憤慨したからである。世紀にしてもまた、特定の名前でよばれる。たとえば、「一五世紀は宗教的献身が、ますます個人的なものとなり感情的なものとなった世紀である」とか、「一八世紀の英文学は心ではなく頭脳によって支配されていた」とかである。これはあたかも一四〇一年の初日あるいは一七〇一年の初日（第7章で見るように、これらの初日が一月一日であるとは限らない）に、古くなった考え方や感情がミセス一九六一年の古くなった掃除機のように放棄されたといわんばかりである。

西暦一一〇年の末期に皇帝トラヤヌスが、匿名の人たちから非難を受けるのは「われわれの時代」にはふさわしくないとプリニウスを諭したとき、皇帝がその言葉で具体的に言わんとしたことはおそらく「私の治世」、すなわち彼がそれに基づいて国を支配する掟のことであったのだろう。一方、現代のジャーナリストたちや政治家たちは、政府の慣例の中には二一世紀に当てはまらないものもあると、われわれに語る（匿名の人たちからの非難を受けることは除く）。世紀による特定は、あたかもそれが自然によるもの、または法律が定めたものであるかのごとく、しっかりと具体化されている。この本の目的の一つは、そのように具体化される時間計測方法の偶然的かつ恣意的な性質を明らかにし、その具体化に抵抗することである。

この本の主題は、政治でも宗教でもないが、適宜、暦の選択、そして暦改革の受容や拒絶における政治的、宗教的な意味合いを考えようと思う（例：キリスト教世界におけるグレゴリオ暦の意味合い、イランにおけるシャーハーン・シャー紀元の意味合い）。私はまたこの本の一章を、宗教的な祭りであるキリスト教の復活祭に割くつもりである。その祭りの宗教的な意義ではなく、祭りが有する暦上の複雑さを述べるつもりである。

そうはいっても私の関心は暦そのものにあるのであって、暦の使われ方や意味にはない。また社会的に構成されたもの（かつ社会を構成するもの）としての時間、さらに老若男女、会社勤めの人、工場で働く人、農業に従事する人、それぞれによって受けとめ方が異なる時間に関しては、すでに多くのことが書かれているだろうし、私より書ける人はいるだろう。なお、専門用語が必要なときには、用語集で説明する。

（訳注1）　当時のギリシャにおける特有の時間概念。

第1章
日

時間計測の最も基本的な単位は、ほとんどの社会において地球の自転周期である。それはたいてい、日として知られている。日という語は夜に対して日の照っている時間（昼間）、もしくは昼間と夜を組み合わせたものを意味している場合がある。この組み合わせを日ではなく夜と名づけている文化もある。ケルト民族やゲルマン民族が昔そうしていた。彼らは旅や遠征の長さを、暗闇の中で活動しないときの期間で測っていたのである。この習慣にいまでもイギリス人はホテルを予約するときに立ち返る（一泊など）。それでもやはり、最も普通の語は「日」である。

「日中」と「自転の周期」という二つの意味は、西暦二三八年に古代ローマの著述家ケンソリヌスが、それぞれ「自然の日」(*dies naturalis*)、「法律上の日」(*dies civilis*)として区別していた。しかし七世紀までに教養のある人々の意見で、本当の「日」(the day)というものは昼と夜を合わせたものとされた。その結果、「自然の日」とよばれるのが後者になり、日中という語は「(自然ではない)人為的な日」(*dies artificialis*)とその名前が変わった。そのやり方に従ってチョーサーは、太陽の「人為的な日」のことを『法律家の話』の序の部分で語っている。本書ではまさにこうした意味で「自然の」日と「人為的な」日という語を使っていく。

原則として自然の日は連続したものの一部であるから、それはいつの時点からはじまってもよいわけである。はじまる時点に関係なく、二四時間を表す日常語をもつ言語もある(例：オランダ語のエトマール〈*etmaal*〉、ロシア語のスツキ〈*sutki*〉、スウェーデン語のディグン〈*dygn*〉)。そうした語は航海の長さを測るときに、とりわけ便利である。海の旅は陸上の旅と違い、日没に邪魔されることがないからである。英語においてこれに対応する語は、専門用語であるニュクテーメロン(*nychthemeron*)のみである。これは元来、ギリシャ語で、文字どおりには「夜―昼」を意味するものである。聖パウロはコリント人に向かって、「私は、夜と昼、海の上を漂ったこともある」と語った(コリント人への第二の手紙、第一一章二五節)。英語訳聖書では、自らの試練が日没にはじまるという意味合いを避け、「二四時間」と記されている。

開始の基準がない自然の日は、人間が定める一日から厳密な意味では区別されなくてはならない。後者は、法や習慣によって決まった特別の時点から見た自然の日のことだからである。現代の西洋ではローマ人の習慣にならい、中国と同様、その基準時点は真夜中である。しかしユダヤとイスラムの一日は、古代ギリシャ人やバビロニア人の場合と同様、日没からはじまる。それはキリスト教の聖餐式の日（復活祭とクリスマスは真夜中のミサではじまる）も同様である。土着のエジプト人（エジプトのギリシャ人のことではない）は、夜明けに基準を求めた。同じ精神から、われわれの社会においても大半の人々は、真夜中過ぎでも次の人為的な日のことを「明日」とよび、「今日」とはよばない。英語を含めて多くの言語で、「明日」を表す語は「朝」を意味する語と関係があった。スペイン語では同じマニアーナである。だが古代ウンブリアの諸民族は正午に一日をはじめていて、これにはローマ人も不条理だと驚いたものだ。正午も古来、天文学上の自然の日のはじまりとして見なされていた。そのおかげで、一晩で観測されたすべての結果を二日に分けずに記録できたのである。しかし現代の宇宙飛行士や船員たちは法律が定めた日のほうを用いている。

自然の区分と社会的な区分

太陽が見かけのうえで天空上を進む様子を、空があまり曇ることのない気候の地帯では、影の位置や長さを観察することで計測することができる。そうした観察記録は聖書の中にこう記されている。紀元前八世紀、ユダ王国のヒゼキア王が病気になった。預言者イザヤは、明らかに王の父が設置したと思われる器具「アハズのステップ」の上で、太陽の影が奇跡的に一〇ステップ分、戻るようにした。正式の欽定訳聖書では、ステップは（普通の時計ではなく日時計の）「目盛り盤」だと記されているが、元のヘブライ語のマアロット（*ma'ălôt*）は現在でも使われている語である。最近の解釈者達はステップとは、階段かテラスのことだとしている。ここで取り上げられている時間は、時計の時間ではない。

時の印として用いられる鶏鳴や自然の出来事、社会の出来事も同様にそうではない。たとえば、ホメーロスの中には「早産の、バラ色の指をした夜明けが現れたとき」「太陽は牛を解放することのほうに進んだ[1]」、あるいは「男は多くの議論を裁定した後、夕食のために立ち上がる」といった時を表す表現が出てくる。ずっと後にミシュナとして知られるユダヤ法の説明においても、時の印となる表現が見られる。それから、正午や真夜中という言葉にしても時点というよりは時間帯であり、日の出から日没までの途中であること、あるいは日没から日の出までの途中であることを意味している。

時間（The hour）

対照的に古代エジプト人は何世紀にもわたり、人為的な日と夜をそれぞれ一二の「時間（hours）」に分割していた。人為的な日については、日中の一〇時間と薄明かりの二時間という初期の分割法もある。日中の時間は影時計と日時計で計測され、夜の時間は続けて空に昇ってくる星座によって識別されていた。一〇日ごとに新しい星座が太陽とともに上がり（連続する九日間、毎日星座は四分ずつ早く登ってくる）、結果としてギリシャ語でデカノイ（*dekanoi*）として知られる三六の星座群が現れると考えられていた。デカノイという言葉は、英語には「デカン（decan）」として入った。一〇日ごとに、夜明けに最も近い時刻に昇るデカンと各時間のはじまりが、「対角線暦」というものに記されている。そうよばれる理由は、記されるデカンの位置が隣の列では一行分、高くなっていたからである（資料1）。

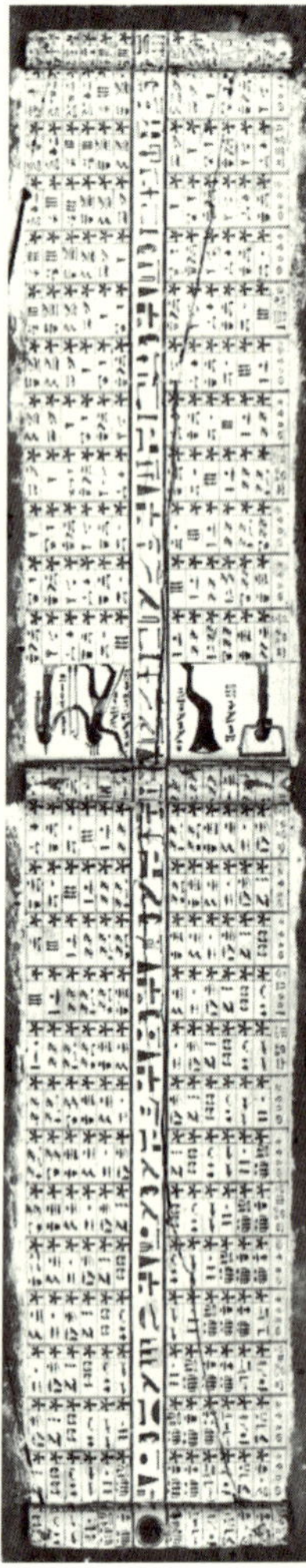

資料 1　エジプトの対角線暦（部分図）．ヒルデスハイム，レーマー＝ペリツェウス博物館（蔵品番号 PM5999）

人為的な日（日中）と夜の時間（hours）は一年の時期により長さが変わるため、厳密には一年を通して同じ長さではない（季節によって変化する）といえる。けれどもヘレニズム時代のギリシャ人やローマ人がこうした時間を採用し（ローマ人は夜を四人のウィギリアエ（*vigiliae*）、すなわち見張りに分割した）、中世後期まで使い続けた。イエスは聖ヨハネによる福音書でこう尋ねる、「一日は一二時間ではないのか」と。ここで問題にしている一日とは人為的な日のことである。この分け方が基で昼間の休憩が古スペイン語で六番目を表すシエスタという言葉でよばれている。それが一日の六番目の時間であるからだ（左記、枠囲み参照）。

古代における時間（hours）の数え方

・聖書で、「はりつけの日、「六番目の時間から」辺り一面が暗闇になり、それが「九番目の時間まで」続いたらしい」ということが意味するのは、正午から午後の中頃までである。同様に、あるギリシャの寸鉄詩はこう記している。「労働のために六時間があって、さらに次の四時間は生きるためにある。なぜならギリシャ文字、ゼータ（zeta）、エータ（eta）、テータ（theta）、イオータ（iota）は数字の七、八、九、一〇を表し、これらの頭文字を連ねるとゼーティ（*zêthi*）「生きよ」という語になるからだ」。

・教会の三時課と九時課とよばれる祈祷式はその名をそれぞれ、ラテン語のテルティア（tertia）とノーナ（nōna）からきていて、それぞれ三番目、九番目の時間という意味である。しかし決められた時刻よりも早く讃美歌を歌う傾向から、九時課を表す現代英語ノオウンズ（*nones*）の古い形であるノーン（*noon*）が正午を表すようになった。この九時課の新しい意味は一四世紀までに確立されている。

一方、天文学者たちは紀元前四世紀ごろ、自然の日（正午から次の正午まで）を二四の等しい時間、あるいは春分の、または秋分の時間に分割〈2〉したが、ほかの人々は季節ごとに変化があるほうを好んだ。それは仕事と旅行が日中に限定される限り、消費した時間と残っている時間の両方がわかるからである。クレプシュドラ、すなわち水時計によって計った均等時間を、日時計から読み取った等間隔でない時間に換算するための表があった。機械時計は一四世紀からヨーロッパに普及したのだが、それさえ均等時間をただちに最重視することはなかった。

ところで、いったん均等時間が標準となると、均等時間を真夜中あるいは真昼から測ったほうが、日の出や日没から測るよりも便利であった。そのため人々は、真昼をはさんで一二時間を二組に分けて数えはじめるようになった。とくに英語を話す国々においては、これがずっと標準となっている（曖昧性を避けて〇から二四の数字を使う政治や軍隊といった場面を除いて）。他方で昔、イタリアでは日没からはじまる二四の通し時間があって、時計は日没時間が変わるのにあわせて、時折、調整された。時間が真夜中から数えられている今日でさえ、イタリア人は日常会話で気軽に二四時間計算を用いている。英語を話す人々は、午後一時のつもりで「一時」の代わりに「一三時に」お昼を食べ行こうとは計画しない。しかしイタリア語では「一三時に」はまったく気取った言い方ではない。

こうした「イタリアの時間（Italian hours）」の変種には、マジョルカ島で用いられた夜明け

資料 2　時間（hours）の長さを記録した跡が残るバビロニアの象牙.
大英博物館理事会（蔵品番号 123340）

から数えはじめる二四時間制がある。「バビロニア時間」として知られているこの時間制は、古代の著述家たちが誤って「バビロニアでは一日は日の出とともにはじまる」といったことに端を発する。実際のところ、バビロニアの一日は日没とともにはじまったのである。バビロニアでは、夜と人為的な日は、各々三つの「見張り時間」に分割され、その一つ一つが四つの「部分」、すなわち四季の時間とよばれるものに分けられていた（資料2）。一方、自然の日は（これから見ていくが）、六〇分の一ずつに、もしくは一二のカスプ（***kaspu***）に分割されていて、

資料３　革命時代フランスの時計の文字盤．外側のリングが 24 分割，内側のリングが 10 分割を示す．
オックスフォード，科学史博物館（蔵品番号 44600）

後者の場合、一つのカスプが十二宮の一つに対応した。それは時にギリシャ語でホーライ（*hôrai*）とよばれているもので、いまでは「二時間（**double hours**）」として知られている。

この「二時間」に一日を一二分割する仕組みを中国人は紀元前一〇二年に採用し、それまでの一〇分割に置き換えている。ヨーロッパでも一日を一〇の時間に分け、一時間を一〇〇分、一分を一〇〇秒とする一〇進法制が、フランス革命暦を実施した勅令によって革命暦三年のぶどう月の一日（一七九四年九月二二日）に施行された。この仕組みはその後、実用的ではないことがわかるのだが、一〇時間を示す時計の文字盤もつくられている（資料3）。

より小さな分割

古代バビロンの算術は六〇という数字に基づいていた。それゆえ天文学者たちは（「一二時間」の存在にもかかわらず）自然の日を六〇に分け、その一つ一つをさらに六〇分の一に分けた。たとえば、彼らは朔望月《さくぼうづき》の一月分は29日＋31／60＋50／3600＋8／216000＋20／12960000と見積もったが、これは現代の学者であれば、29；31, 50, 8, 20日と書くところである。

ギリシャの天文学者たちは自然の日を二四の昼夜平分の時間に分けたが、各時間は一五のモイライ（*môirai*）、すなわち「部分」から成り立っていた。この語（モイライ）は弧の角度を示すのに用いた語と同じ語である。なぜなら、時間にせよ弧にせよ全体に対して360（24×15）の部分があったからだ（西暦二世紀のプトレマイオスは、「昼夜平分時間」について話すことを好んだ）。モイライの半分を示す語にスティグメー（*stigmē*：「点」という意味）というのもあった。

さらに複雑な仕組みは、古典期以降に書かれたギリシャ語とラテン語、両方のテキストに見つかっている（次頁枠囲み参照）。しかし小さな単位は天文学や占星術にとっては、あるいは博学であることを示すのには便利であっても、そうした概念上の区分は実測のレベルを越えていた。二二五六〇時間分の一とか二五九二〇時間分の一といういわば時間の原子を同定する方法はなかったのである。

ラテン語の中性形容詞ミヌートゥム（*minutum*）は「小さなもの」を表し、これは一五分の一時間（四分）、一〇分の一時間（六分）、六〇分の一日（二四分）とさまざまに用いられたが、六〇分の一時間を表すことはなかった。そのためにはオステントゥム（*ostentum*）という別の語があった。しかし中世後期になると、第一の小さな部分、第二の小さな部分、第三の小さな部分という新たな六〇分割が出てくる。この仕組みはすでに弧の角度で知られていたが、それがわれわれの「分」、「秒」を産み出すもととなった。「第三の小さな部分」、すなわち一秒の六〇分の一、略して「‴」は、大方、小数点に取って代わられている。

視太陽時と平均太陽時

時間を計る道具として機械時計が日時計よりも好まれたことで、均等時間の採用となったが、さらに別の変化が生じた。それは日時計に示される視太陽時（用語集参照）に機械時計の

時間（the hour）の細かい分け方

ビザンティン帝国時代のギリシャ語

一アワー＝五レプタ（「小さなもの」の意）	一二分
一レプトン＝四スティグマイ（「点」の意）	三分
一スティグメー＝二ロパイ（「衝動」の意）	一分半
＝三エンデイクセイス（「表示」の意）	一分
＝一二リーパイ（「瞬き」の意）	一五秒
一リーペー＝一〇アトマ	一秒半

中世ラテン語

一アワー＝四プンクタ（「点」の意）	一五分
一プンクタ＝$2\frac{1}{2}$ミヌータ	六分

あるいは

一アワー＝五プンクタ　一二分
一プンクトゥム＝二ミヌータ　六分
一ミヌートゥム＝四モーメンタ（「衝動」の意）　一分半
＝六オセンテンタ（「表示」の意）　一分
一モーメントゥム＝一二ウンキアエ（「少量」の意）　七秒半
一ウンキア＝四七あるいは五四アトミー

七世紀のアイルランドのある著述家はミヌートゥムを二か三分の二モメント（四分）としている。[3]

ラバヌス・マウルス（九世紀）はこれをパルスとよんでいる（古典ギリシャ語のモイラと比較）。

ヘブライ語

一アワー＝一〇八〇ヘイレキム（「部分」、「ミニム」の意）

一ヘイレク＝七六レガイム（「瞬間」の意）
暦上の目的から、レガは一／八二〇八〇時間としている。しかし、タルムードのあるテキストは神の怒りが続いた時間であるレガは一／五八八八八時間だと宣言している。

上に示される平均太陽時が取って代わったという変化である。もし地球の軌道が太陽を中心とする円であり、また自転軸がその軌道に対して垂直であったならば、これによって違いが生じることもなかったろう。しかし地球の軌道が楕円形であり、自転軸が傾いている以上、自然の日（地球の自転周期）の長さは時計の二四昼夜平分時間で計ると、一年の間に三〇分変化するのだ。視太陽時と平均太陽時の違いは、均時差として知られている。視太陽時が平均太陽時よりも先に行っている場合に値はプラスになり、遅れている場合にはマイナスになる（資料4）。

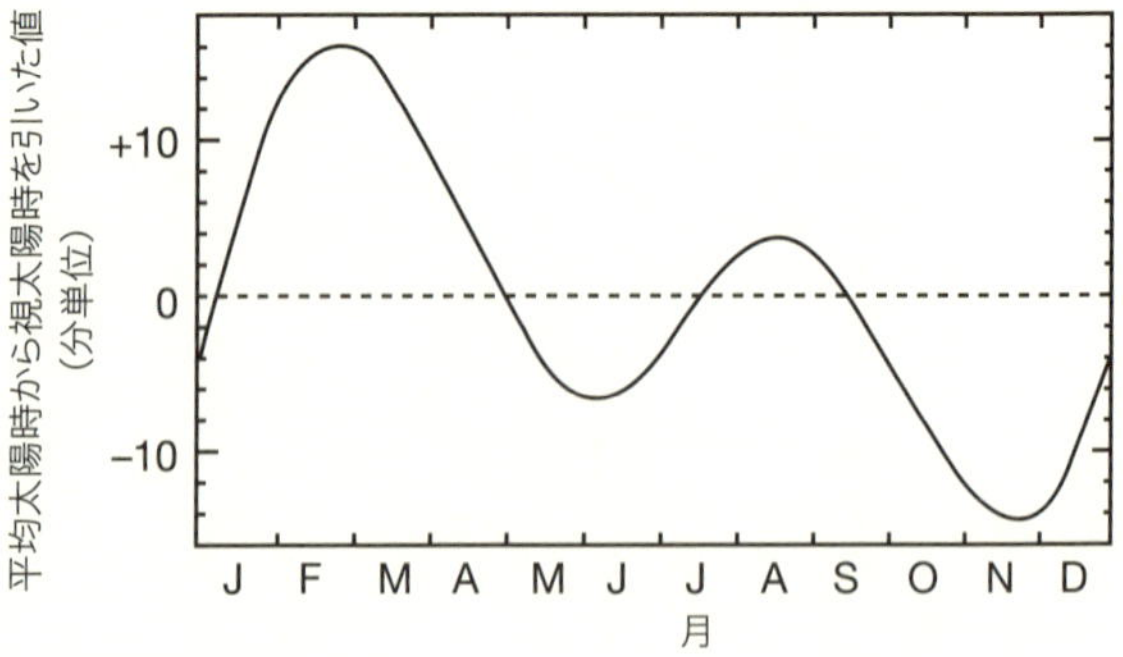

資料4　時間の等式

時間の標準化

法律上の明確さを期すべく平均太陽時が採用される場合（たとえば一七九二年の英国の例）でも、平均太陽時はその場所の子午線によって値が異なった。ある場所から経度にして東へ一五分ずれるたびに、名目上、同じ時間が一分早くやってくるのである。輸送手段が馬が引っ張るものや水を利用するものに限られた時代や、コミュニケーションが馬や鳥の速さに限られた時代には、その違いが問題になることはなかった。しかし一九世紀において、その違いに目を向けて、一定の速度で一定の距離を西に移動している列車が、同じ速度で同じ距離を東に移動している列車よりも早く終点に着くなどといってもそれは意味をなさなかった。あるいは東から西へ送った電報が、電報を送った時刻よりも前に相手のところに届くということも同様に無意味だった。

そうした時代の変化に合わせるために鉄道会社は時刻

表をつくり、駅の時計を王立天文台の真鍮製の線（グリニッジ子午線）から測るグリニッジ標準時に合わせた。時計が正午でも太陽が真上にないというのは嘘をついているのと同じだといって、名誉市民たちや王立天文台長は反対した。そんなことにもかかわらず新標準時間は普及し、一八八〇年には法律に書き込まれた。地元の時間がこれほど完璧に無視された結果として、オックスフォードのクライスト・チャーチ・カレッジにはいまも同大のほかのカレッジからさえも愛嬌のある変わった伝統だと見なされる風習が残っている。それは約束の時間に五分遅れても、それは遅れたことにはならない。すなわち、グリニッジの平均太陽時だけでなく、そのカレッジのある場所（西経一度一五分）の平均太陽時でも遅刻したといえない限り、遅刻にはならないというものだ。

標準時間帯

ほかの国々も時間を標準化した。それは鉄道会社にとって十分ありがたいものだった。しかし世界の全地域が共有する唯一の時間とまではいわないが、全地域が参照できる少なくとも一つの標準時を必要とする国際電信にとっては、まだ十分によいものではなかった。貿易と交通のグローバル化によって、あらゆる地図やチャートが、子午線の東あるいは西、何度と示すことで状況が便利になって以降、この主経線はやがて標準時をも提供することになる。

一八八六年一〇月に国際子午線会議がワシントンで開かれ、アメリカのある提案が認められた。その提案とは「本初子午線は、グリニッジ天文台の子午儀[4]の中心を通っているべきだ」というものだった。この会議以降、この提案内容が標準となったが、フランスではその後何年にもわたりパリを零度とし続けた（この会議はフランスに譲歩する形で、角度と時間は一〇進法的な計測が可能かどうかというフランスからの調査依頼を採択している）。結果として、グリニッジ天文台が世界の準拠すべき標準時となり、それ以外の場所の時間はこの標準時に対していくら進んでいるとか、遅れているとかで記されることになった。再びフランスはそれに抵抗したが、一九一一年になってようやく折れ、法律上の時間をパリ標準時マイナス九分二一秒とすることでその面目を保たった。

一部の極論者が、グリニッジ平均時を世界中の法的な時刻ともしたかったようだ。正午を約一〇分早く、または遅く告げる時計に対して、科学者や迷信を信じる者たちからの反対は即座に覆せた。しかし、この名目上の正午の時点で太陽がまだ水平線上にありますとか、空は真っ暗闇の状態ですといわれると、これはやはり実行は難しかった。共通の法的時間を設けることはせずに、地球はその両極点を結ぶ時間帯として知られる垂直方向の帯で分断されている（時計が示す時刻は季節と違い、緯度に影響を受けない）。その境界線の引き方には、規則からい

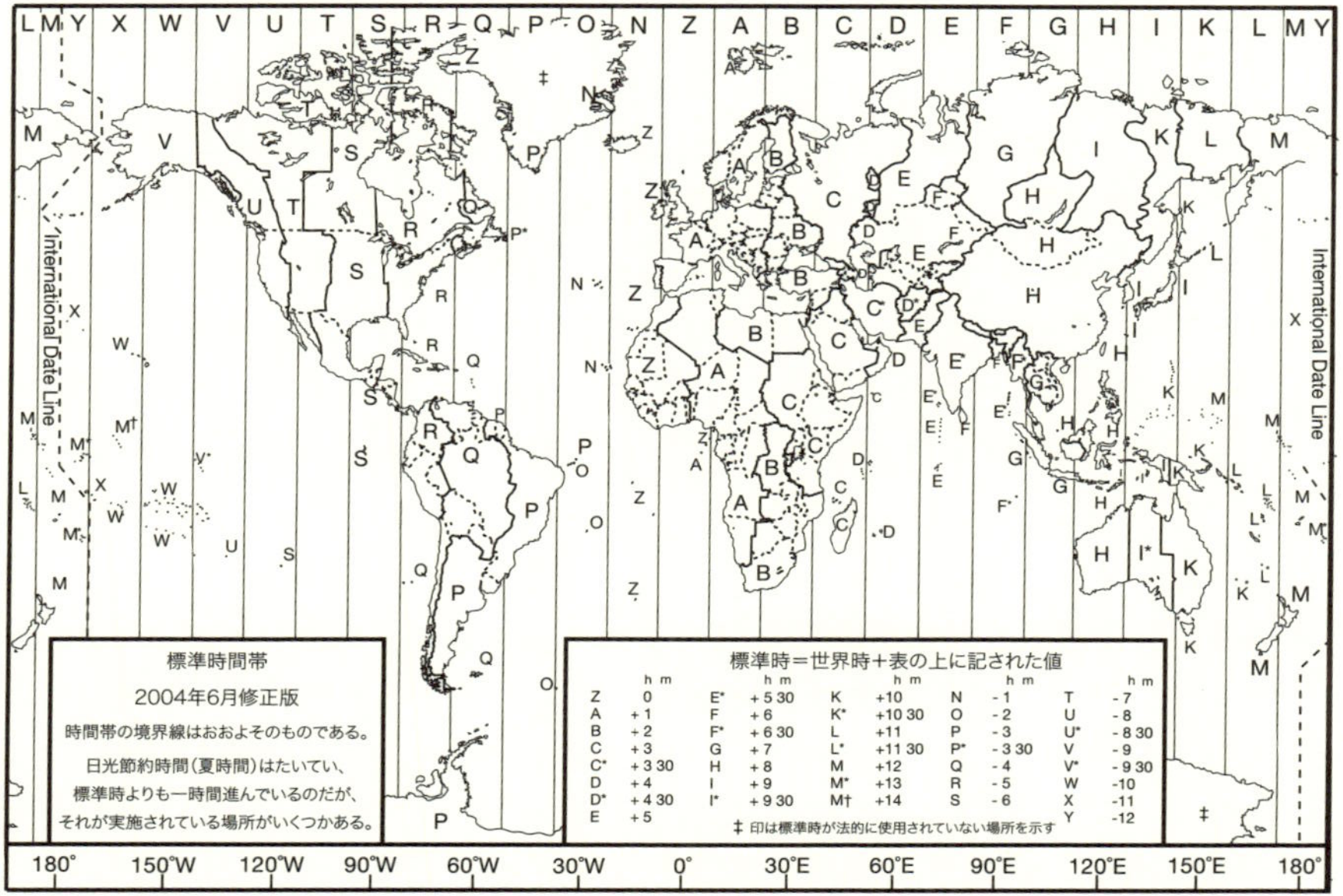
L M Y X W V U T S R Q P O N Z A B C D E F G H I K L M Y
International Date Line
標準時間帯
2004年6月修正版
時間帯の境界線はおおよそのものである。
日光節約時間(夏時間)はたいてい、
標準時よりも一時間進んでいるのだが、
それが実施されている場所がいくつかある。
標準時＝世界時＋表の上に記された値
Z 0, A +1, B +2, C +3, C* +3 30, D +4, D* +4 30, E +5
E* +5 30, F +6, F* +6 30, G +7, H +8, I +9, I* +9 30
K +10, K* +10 30, L +11, L* +11 30, M +12, M* +13, M† +14
N -1, O -2, P -3, P* -3 30, Q -4, R -5, S -6
T -7, U -8, U* -8 30, V -9, V* -9 30, W -10, X -11, Y -12
‡ 印は標準時が法的に使用されていない場所を示す
180° 150°W 120°W 90°W 60°W 30°W 0° 30°E 60°E 90°E 120°E 150°E 180°

資料5　等時帯

くらか逸脱したところがある（資料5）。逸脱の原因は政治的な要因、たとえば国境線の存在やアイスランドがグリニッジ時刻を採用すると決定したこと、またフランスとスペイン（ポルトガルは違う）がグリニッジ時刻よりも一時間早めたこと（つまり「＋1」）などである。インドや中国は全領土に対して一つの時刻を設定している（それぞれ＋5½、＋8）が、ほかのもっと大きな国々は複数の時刻を設けている。最たるのはロシアであり、一一の時刻があり、カリーニングラードの＋2からアナディリの＋12までにある。

国際日付線

小説『八〇日間世界一周旅行』の中で、八〇日間で世界一周できるかどうかという賭けに負けたと思ったフィリアス・フォッグが、パスパルトゥーから今日は土曜日で日曜日ではないと知らされたとき、作者のジュール・ヴェルヌはこの事態をこう説明する。東のほうに進むことで「彼は太陽よりも先に進み、結果として旅行日数は一度につき四分ずつ減り」、三六〇度で二四時間になった。結果として彼は太陽が子午線を横切るのを八〇回見たのに対し、ロンドンにいた改革クラブの彼の仲間たちは七九回しか見なかった。逆に彼が西に向かって移動していたならば、彼は一日得せずに一日失っていただろう。

グリニッジの東一八〇度の経線を東に向かって通過する旅行者は、増えた一日を返す必要があるし、西へ向かう旅人は減った一日を戻す必要がある。したがって船は東に向かうとき一日をくり返すし、西に向かえば一日減らすのだ。飛行機で旅する者は前者の場合、カレンダー付き時計を一日戻さなくてはならないし、後者の場合は一日進める必要がある。この経線が国内の陸地や島々を縦断する場合は、適切なところで東や西にずらされている。この変更を加えた経線が国際日付線といわれるものである。この経線の西に位置する場所は最大で一二時間（一二時間を超える場所も少しある）、時刻がグリニッジより早い。東の場合は最大一二時間遅くなる。

世界時

天文学上の目的からグリニッジ平均時は一九二五年まで正午からはじまる二四時間時計で計算されていた。それ以降は（ワシントン会議で表明された希望に沿って）、真夜中を起点として真鍮製の線から数メートル隔てた想像上の本初グリニッジ子午線の上で計算されている。一九二八年にグリニッジ平均時は、名前が世界時ＵＴと変わる。天文台での観察による場合には、ＵＴはUT0として知られている。地球の両極で起こる不規則な極軸の運動（チャンドラー振動）を補正すれば、UT1になる。これは天文学、航行術の標準である。

さらに補正レベルを上げて、地球自転速度の季節的変化の影響を取り除こうとしたUT2があるが、地球の動きがある中で均一な時間の尺度をつくるのは不可能であることがわかっている。しかし技術はまたしても自然を凌駕した。すなわち、太陽よりも機械仕掛けの時計のほうが正確であるのと同様、地球よりも原子時計のほうが正確なのである。原子時計においては科学上の目的から一秒が「セシウム133原子の基底状態における二つの超微細準位間の遷移によるマイクロ波の周期の九一九二六三一七七〇回分」として定義されている。これに基づいて決定される時間はTAI（国際原子時）として知られる。

TAIはUT1で計測する地球の自転をまったく考慮しない。そのため、民間の時間用には協定世界時（Coordinated Universal Time）、略してUTCとして知られる別の標準が用いられている。これは国際地球回転・座標系事業（IERS）の強い要請から、閏秒というものを操作してUT1との差を〇・九秒以内に抑えているものである。六月末か一二月末に一秒追加される（0：00：00になる前に、23：59：60が追加）か、省略される（23：59：59が省略される。これまで実際に行われたことはない）かで調整がなされる。UTCの値はTAIの値と整数倍秒、異なる。二〇〇六年一月以降、UTC－TAI＝－33秒である。英語圏ではそれがしばしばグリニッジ平均時、すなわちGMTとよばれているものだ。ただし、その語はUT1の代わりに使われることも時々ある。

ほかにも天文学者たちに用いられている時間計測法に、地球時（Terrestrial Time：TT）がある。これはTAIより三二・一八四秒進んでいて、地球の中心から天体の位置を測るときに用いられる。TTとUT1の差はΔT（デルタT）として知られている。

サマータイム

二〇世紀初頭、英国チェルシーの建築者ウィリアム・ウィレットは、春と夏の間には時計を先に進め、人々が早朝の光を活用できるようにすることを提唱した。彼はグリニッジ平均時を一日に四回連続して二〇分ずつ進めることを提案したが、その後、一日一時間だけ進めるという改革反対者たちからの案に同意する。この案はずっと無視されたが、一九一六年、戦時の経済的な状況に与するとしてドイツとハンガリーが採用するに至り、中立国のオランダがそれにならった。英国はこれを第一次世界大戦中に用い、再び一九二二年にも採用する。この年以降ずっと、英国のサマータイム、すなわちBSTは毎年、一年の少なくともある時期に行われている。

第二次世界大戦中、この「サマータイム」は一九四〇年から四五年の冬の間に続けられた。また一九四一年から四五年にかけて、そして燃料不足後の一九四七年には、「二重サマータイム」として知られる二時間早める方法が一年の大半の時期に法的に行われた。年間を通したBSTは「英国標準時」と名前を変え、一九六八年に行われたが、冬の朝は暗い時間が続くので（スコットランド北部では午前一〇時まで）、一九七一年にはGMTにもどることを余儀なくされた。いまではEUヨーロッパ諸国連合内での協定によって、サマータイムは三月の最後の日曜日、GMT午前一時に開始され、一〇月の最終日曜日の同時刻で終わることになっている。

世界のほとんどの国が何らかの形でサマータイムを用いている。赤道より南の国々でその対象となる月は、北の国々の場合と異なる。米国ではタイムゾーンごと、三月の第二日曜日、現地時間の午前二時から一一月の第一日曜日まで行われるが、州や領によっては、自分たちは適用外であると願い出るところがある。あるいは（もし州や領が標準時間帯をまたぐのであれば）その一部において、そうした行動に出ることもある。ハワイ、アラスカのハワイ・アリューシャン標準時を使用している地帯、そしてアリゾナ州（ナヴァホ・インディアンの居住地を除く）、プエルトリコ、ヴァージン諸島、グアム、アメリカ領サモアでサマータイムは行われていない。

（訳注1）「牛を解放する」とは夕方のことである。

（訳注2）後者のようによばれるのは春分と秋分には昼と夜が等しくなるからである。日本語では「昼夜平分時」が通例であり、以下、この訳語を用いる。

（訳注3）著者は一時間の四〇分の一であるモーメントゥムを英語表記にしてモメントとここで記している。

（訳注4）子午儀とは天体が真南に来る時刻を測定する装置のこと。

第2章 月と年

地球を回る月の公転周期は、少なくとも名目上は一か月であり、多くの言語でその長さは「月《つき》」や（英語のように）その派生語でよばれる。太陽を回る地球の公転周期は、少なくとも名目上は一年である。これから見ていくのだが、どんな暦もこの両方の公転にきちんと対応していない。「月」か「年」のいずれかが、恣意的な計測にならざるを得ない。それはちょうど「フット」とよばれる測り方に、どの人間の足の長さも一致していないかもしれないのと同じである。[1]

月や年とは独立に成立している別のシステムが日をまとめている社会もある。現在、最も普及しているものは、七日を一週間とするものである。これらのシステムの原点の多くが市《いち》の立つ周期である。そうした周期は長さもさまざまであるが、アフリカでそのいくつかが見つかっている。しかし最も有名なのは古代ローマの八日からなるヌンディヌムとフランス革命のデカッドゥである（第5章参照）。

年がまとめられ世紀や千年紀になることもある。インドにはさらに長いまとまりがあり、それは世界の年齢として理解されている。また、かつてはイースタン・マヤ[2]の間で太陽年や二六〇日周期（第6章参照）ではなく、トゥンとよばれる三六〇日周期、およびその倍数に基づく長いまとまりが見られた。基本となる時間単位でさらに長いものは、しばしば現世の長さと結びつけられた。キリスト紀元が二〇〇〇年に達すると現世は終わるのだと思っていた人々もいた。それ以前にも同様の予想はロシアで、世界の七〇〇〇年目の年に対して考えられていた。この年は西洋の暦に直せば一四九一年九月一日から一四九二年八月三一日までに当たる。

天文学から見た基盤

地球はその地軸で自転する。また地球は太陽の周りを公転するが、まったくわかっていない観察者には、地球の周りを回っているのは月と同様に太陽だと見える。太陽と月が接近すると、月は太陽の光を反射することができない。太陽と月がまさに同じ黄経《こうけい》[3]にある瞬間は朔《さく》、すなわち新月として知られる。後者の言葉は朔の地点を過ぎた後、最初に見える月のことにも使われる。対照的に、太陽と月が一八〇度で向き合うとき、衝《しょう》、すなわち満月になる（資料6）。

太陽の見かけの公転は、黄道帯（*the zodiac*）として知られる天空の道に沿って進む。この言葉は「小さな動物」という意味のギリシャ語ゾーディア（*zōidia*）に由来する。その道が宮として知られ、星座にちなんだ名前が付いた三〇度ずつの一二の部分に分かれるからだ。牡羊座（白羊宮）、牡牛座（金牛宮）などが挙げられる（資料7）。しかしこうした宮はいまでは実際の星座の位置には対応していない。これは地軸が約二五七八〇年もかけてゆっくりと天球面を回転する現象、春分点歳差があるからである。春分点とは黄道と天の赤道の二つの交点のうち、太陽が南から北へ横切る点である。この春分点が星座の中をゆっくりと、一定の速さで移動していくのが春分点歳差である（資料8）。「白羊宮の最初の点」は北天では春分点とよば

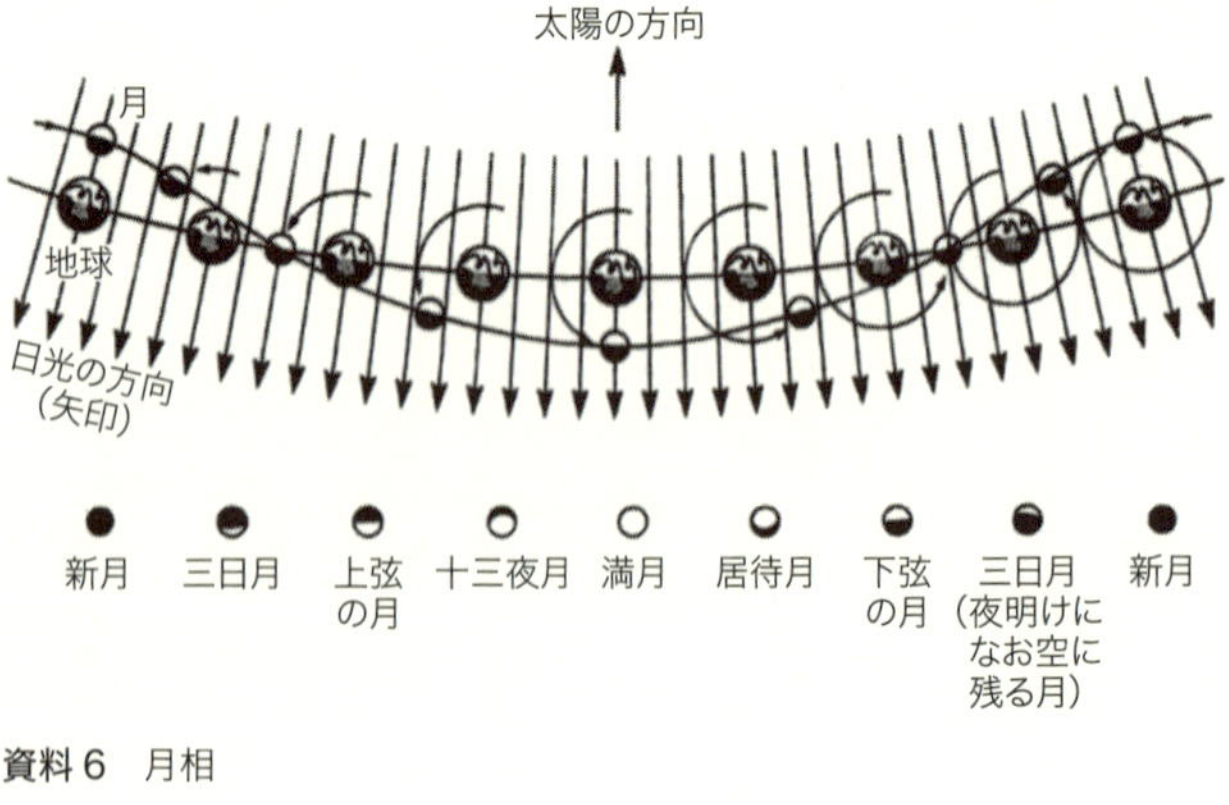

資料6　月相

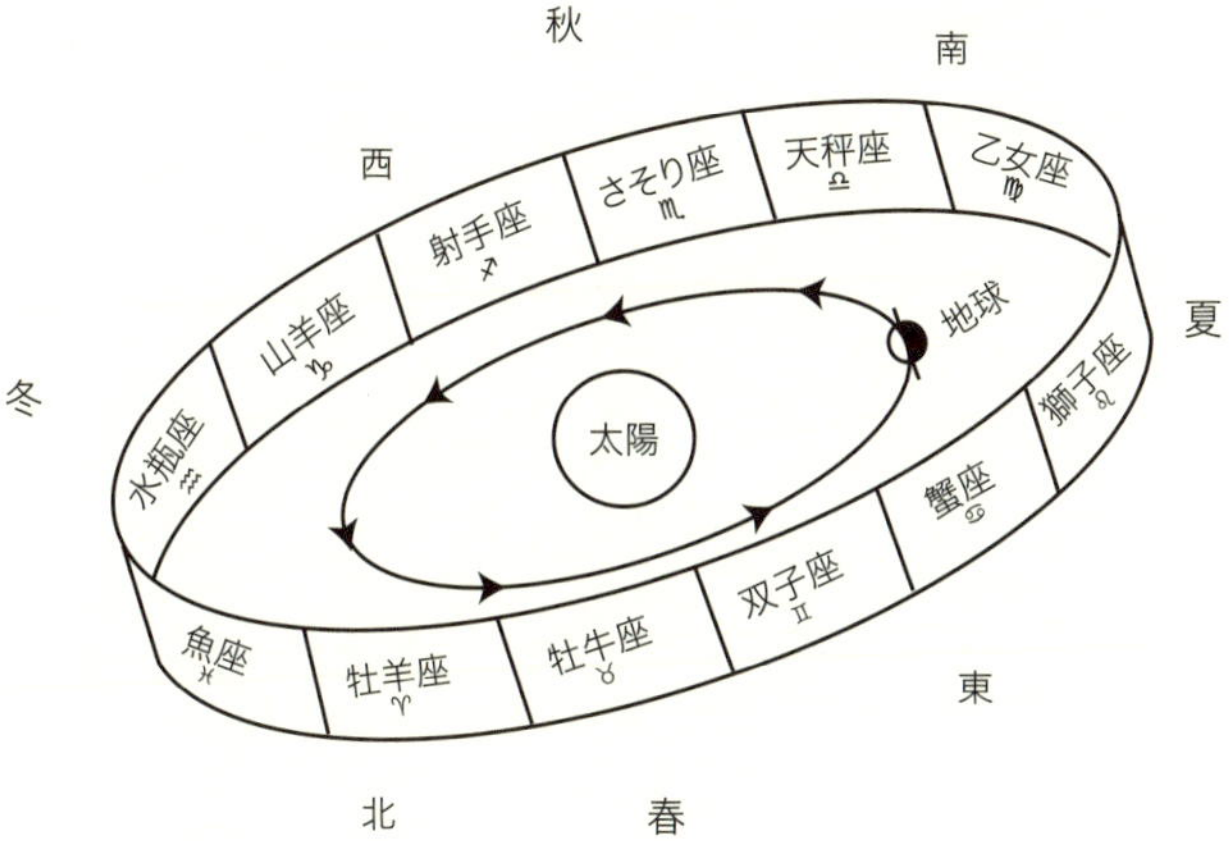

資料7　十二宮

れ、現在は魚座の場所にあり、水瓶座に向かって進んでいる。しかしそれが牡牛座にあった頃には、偉大な文明が存在したのだ[4]。

大半の暦は太陽暦か太陰暦である。太陰暦は理論上は朔望月《さくぼうづき》、すなわち新月から次の新月までの期間（チベットと北インドでは、満月から満月までの期間）に当たり、平均して29.53059日＝29日12時間44分2.976秒に基づいている。そのような月が一二個集まって一年になる。太陽暦では太陽を回る地球の公転周期の長さを日で換算して一年にする。その上で年は月と呼ばれる、より小さな単位に分割されるが、月の満ち欠けには関係ない。大半の太陽暦は回帰年（*the tropical year*：「太陽の至《し》」を意味するギリシャ語のトゥロパイ〈*tropai*〉から）に合わせよう

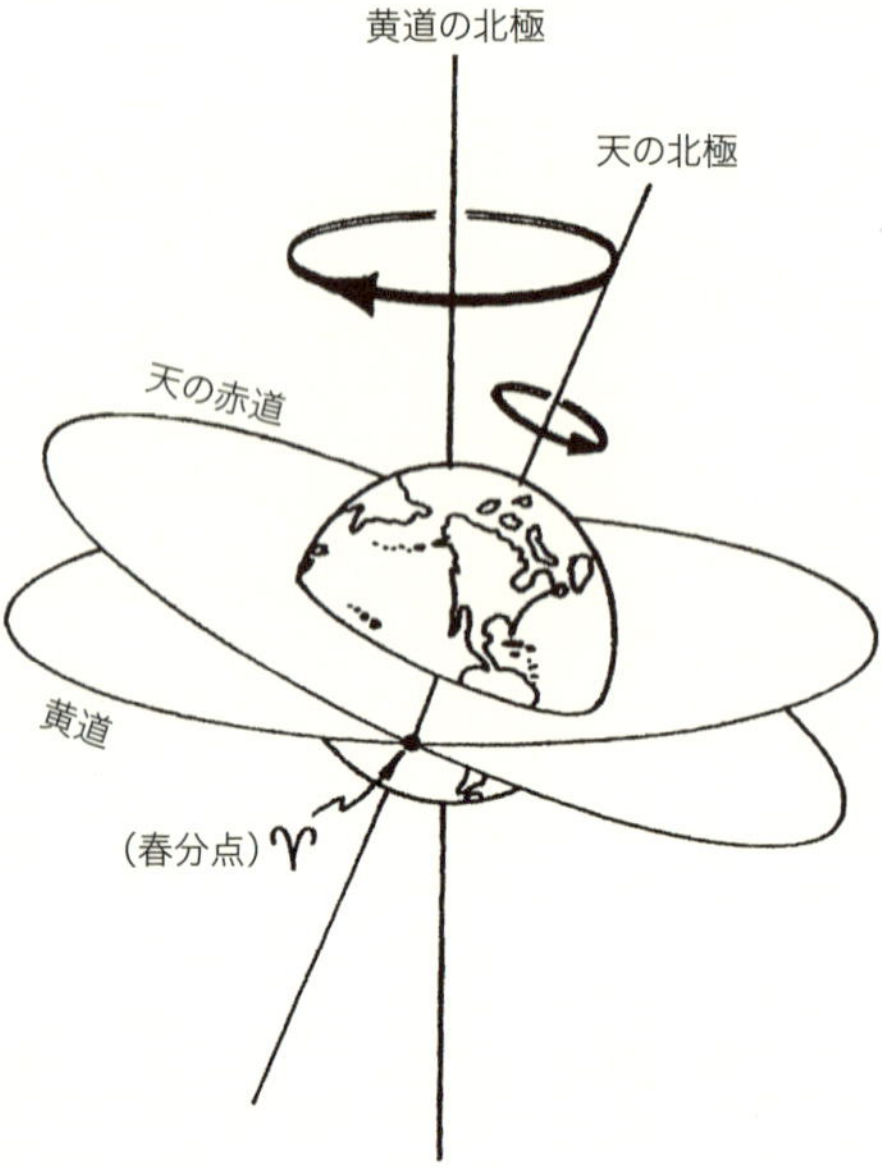

資料8　春分点歳差

とする。回帰年とは、(歳差で移動する)分点に対して、太陽の黄道上の位置が完全に一周する周期である。現在の値は三六五・二四二一九日、すなわち三六五日と五時間四八分四五・二秒をわずかに超えた値である。しかし、もし春分点から次の春分点までの期間に合わせようとするならば、より正確な平均値は三六五・二四二三七四日、すなわち三六五日と五時間四九分一・一秒をわずかに超えた値である。こうした平均値もしだいに変化していて、二〇〇〇年前にはそれぞれの値が三六五・二四三二一〇日と三六五・二四二一三七日であった。

歳差運動のせいで回帰年は恒星年（the sidereal year：「星座」を意味するラテン語のシードゥス〈*sidus*〉に由来）、すなわち地球が星々に対して相対的に同じ位置に来る二回の間の時間よりも若干短く、それは値にして三六五・二五六三六日、つまり三六五日六時間九分九・五秒である。洗練された暦というのは、これまでのところ、たいてい、回帰年に基づいてつくられている。ただ例外的にインドでは地方に多数の太陽暦と太陰暦が存在し、前者は一九五七年まで恒星年に基づいていた。

残念なことに一二個の朔望月を合わせても、回帰年であれ恒星年であれ、一年に約一一日足りない。このため月と太陽の両方に忠実に基づいた暦はなく、どちらか一方を選択しなくてはならない。しかしたいていの太陰暦が太陽を視野に入れるのとは違い、太陽暦は実際の月の周期は視野に入れていないようだ。

太陰暦

新月の日を決める最古の方法は、最初に新月が見えるのを観測することであった。原則として、これが最も正確なやり方のように見えるが、悪天候による邪魔にもさらされる。そうした邪魔は完全になくなるわけではないが、次の規則を適用することで抑えられる。その規則とはこうだ。その月の二九日目が終わり、その晩に新月が見られなかったとする。その場合には次の晩に新月が観測されると考えるのである。こうして、三〇日を超える月はなくなる。

観測も、社会が大きすぎてすばやい情報伝達が難しい場合には問題が生ずる。また過去の二つの出来事の間に何日が経過したかを明らかにしたい、あるいは未来に起こる出来事の日付を予想したいと思う天文学者たちにとって観測によるデータはこの上なく処理しにくいものである。このため、十分な正確さを期す太陰暦が三〇日の「満ちた」月と二九日の「空ろな」月を交互に交え、三五四日を一年としてつくられている。この仕組みが、現在のユダヤ暦と、理論上のイスラム暦の根底をなす。この仕組みには、何ら外界的な事実を考慮することなく、望む限り先へ(あるいは過去へ)暦を拡張することができるという利点がある。

人間の知識量が増え、月の朔《さく》を計算によって求めることで、その日に(中国)、あるいは次の日に(インド南部)、新たな一月《ひとつき》をはじめる可能性も生まれた。こういうかたちでも観測による暦の場合と同様に、実在の月がやはり考慮されているわけだが、日付と日付との関係はそれが過去であれ未来であれ、計算が信頼できる限りにおいて正確に突きとめられるのである。これは純粋に理論的な暦の場合と変わらない。

たいていの太陰暦は太陰年と太陽年(前者のほうが一一日短い)の不一致を、数年おきに一月分、追加することで補正しようとする。これが「閏月を入れること」、すなわちエンボリズムとして知られているものである。例としては、観測に基づいていた頃のユダヤ暦や、ヒンドゥーの太陰暦がある。後者はいまでも閏月を入れている。それに代わるものとしては、古代、いくつかの初期キリスト教の復活祭日表で使われた粗悪な方法がある。それは八年ごとに三か月を追加するというものだ。しかしより正確なのは、一九年おきに七か月を加えるというものである。紀元前四三二年に提唱したギリシャの天文学者メトンにちなみ、この追加規則は普通メトン周期といわれている。これを最初に用いたバビロニア人は、古代で最も信頼できる太陰暦をもっていた（枠囲み参照）。その周期は現代のユダヤ暦と、（いくつかの条件を加えた）中国暦で用いられているし、キリスト教会において復活祭の日を計算する際にも用いられた（第4章参照）。

ユダヤ暦とイスラム暦は非太陽暦であるが、太陰暦と、閏調整をした太陰太陽暦とは区別を要する。太陰暦は閏調整を認めず、太陽のことをまったく考慮しない。太陰太陽暦とは月の動きを追いながらも、太陽を観測するものである。イスラム暦は太陰暦の記述に当てはまるものの、例外的なところがある。またユダヤ暦のみならず、古代ギリシャ、ガリア、バビロニア、中国、それぞれの暦が、月を基にしたインドの暦と同様、太陰太陽暦である。太陰太陽暦のほうを太陰暦の中で優勢なものと見なし、閏調整をしない太陰暦を第三の暦、いやむしろ少数派に属する暦と考えたほうが理にかなう。

バビロニア暦

バビロニアの一年は春分後の最初の新しい月からはじまり、一二か月からなる。三日月を最初に目撃したときからはじまる各月はニサンヌ、アイアル、シマヌ、ドウズ、アブ、ウルル、タシュリトウ、アラハサムナ、キスリム、テバトウ、シャバトウ、アッダルとよばれた。一日は夕方にはじまり、日は一から三〇もしくは二九まで順に数えられた。閏調整がどの時点で一九年周期でなされる状態へ移行したか、それについては議論の余地があるところだ。しかし少なくとも紀元前四世紀までに、アッダルの月が周期の三年目、六年目、八年目、一一年目、一四年目、一九年目にくり返され、ウルルの月が一七年目にくり返されるようになったのは明らかである。新しい周期は紀元前三六七〜六年、紀元前三四八〜七年、紀元前三二九〜八年、紀元前三一〇〜九年にはじまった。

日は一月《ひとつき》を通して連続して数えられる場合もある（ユダヤ暦、最近のイスラム暦）が、これが現存する唯一の方法ではない。暦によっては月が満ちるのと欠けるのとに合わせて、別々に日を数えるものもある。ヒンドゥー教の太陰暦はこのパタンに従っている。古代ガリア人の暦も（条件付きながら）そうである。ほかには、欠けていく月の齢が数を減らす形で記され、一《ひと》月《つき》後半の月の見え方が、月前半の同じ日の鏡像となっているものがある。こうして「日の計算(tale of days)」、すなわち日の数え方は、三〇日ある月の場合には次のようになる可能性がある（数字は日にち）。

月の前半：	1	2	3	4	5	6	7	8	9	10	11	12	13	14	15
月の後半：	15	14	13	12	11	10	9	8	7	6	5	4	3	2	1

古典アラビア語で日付は時に、この方法に従って記された（第6章参照）。中世ヨーロッパでもこの方法は見られ、「ボローニャの習慣」とよばれた。名前の由来はこの方法をボローニャの公証人たちが好んだことにある。さらにこの方法は、「エジプトの日」とよばれる毎月二つある不幸な日を掲載する際には常用とされた。二日のうち最初の日は月はじめから、二つ目の日は月末から数えられる。古代ギリシャの大半の町において、二〇日（または二一日）より

後の日は、数が減る方向で数えられた。第3章で見るように、古代ローマには印となるいくつかの日が存在し、日付を逆向きに数えるという複雑な仕組みがあった。

太陽暦

一年のはじまりを太陽が天空の特定の地点に達するとき（現代のイランや一九五七年以降のインド）、あるいは特定の星座の中に入るとき（一九五七年より前のインド）に設定している暦は存在するが、太陽年を三六五日の整数で近似させるほうがずっと簡単である。近似は、本来の年として見なされる三六〇日のグループ（慣習的に月として知られる単位にふつう、分割される）に、五日の追加の日を加えてなされる。追加の日は不運だと見なされることが多い。これが中央アメリカにおけるコロンブスのアメリカ大陸発見前の暦や、現在も使われているゾロアスター教の暦の原則である。これらの暦については第5章で論じる。またこの原則は、古代エジプトの法で定めた暦、すなわち古代社会の中で最も重要な暦の原則でもあった。その暦では三〇日からなる月が一二個続いた後に、エジプト人たちには「年の上に重ねる日にち(days upon the year)」として知られた五つの閏日が続いた。この暦の傍らには儀式用の太陰太陽暦があり、その暦には処置を施さねば新たな太陰年が太陽年よりも先にはじまってしまう場合は、つねに閏月が一月挿入された。なお紀元前四世紀には、閏月調整の周期を二五年で九回にするものも考案された。紀元前六世紀に太陽暦の各月が、ギリシャ人やローマ人に知られる名前を取ったのは、この三六〇日プラス五日の暦からである。〈5〉

三六五日を一年とした場合の実際の太陽とのずれは、ものすごく長生きしない限り、人生を通してほぼ気づかないものである。しかし二、三世紀もすると、その一年は季節と完全に異なってしまう。それゆえ三六五日からなる一年は「移動年」として知られている。名目上その暦の一年は、シリウスの日の出前出現からはじまり（シリウスのエジプト名は「ソティス」）、これが国の生命がかかるナイル川の氾濫のはじまりを告げた。しかし実は現実と比較すると、その暦の一年は四年にほぼ一日の割合で早くはじまっていた（付録A参照）。別の言い方をすればシリウスが天空に昇る日付が（四年ごとに）一日遅くなったということだ。西暦一三九年七月二〇日のように、再び現実の新年が名目上の新年と重なったときには盛大な祝いが催された。

紀元前四世紀までにギリシャの天文学者たちは、エジプトの暦の一年が短すぎることを知っていた。大プリニウスによれば、彼らの一人エウドクソスが四年周期（周期の最初の年が三六六日からなる閏年）の太陽暦を考案したという。根底となった仮定は、太陽の公転が三六五日と六時間かかるというものだ。実際、それは回帰年より少し長く、恒星年より少し短い。紀元前二三八〜七年、エジプトのマケドニア王、プトレマイオス三世は、六つ目の閏日を四年ごとに加えるように命じる。けれども、この改革は実施されなかった。その理由は、エジプトの司祭たちが外から来た支配者の命令で不幸な日を一日追加することをよしとしなかったから、そしてギリシャからやってきて、この命令に間違いなく従ったはずの人々もまだエジプトの法律上の暦による年を用いておらず、マケドニアの月をエジプトの宗教暦に合わせようとしていたからだ。

六番目の閏日を加えることは、インペラトル・カエサル（やがてアウグストゥスという名前を授かる）が、紀元前三〇年、自らエジプトの王になったときに再び試みられた。正確な詳細について異論も多いのは、彼の治世初期に暦をいじった形跡が残っているからだ。紀元前二二年までに、この改革はアレクサンドリア（厳密にいえば、この地が唯一のエジプトであり、エジプトの一部というわけではなかった）で根づいた。国のほかの場所では受容までに時間を要した。実際、天文学者の中には、昔の暦のほうが単純であるがゆえに好んだ者もいた。その理由は、遭遇した二つの出来事に日付が付いている場合、その間に何日経過したか、閏日のことを気にせずにわかるからというものだった。しかし、キリスト教の復活祭の日を計算する最も信頼できる方法として依拠することになるのは、この暦であり、それはその後ローマ仕様に調整されていく（付録B参照）。現在でもコプト教会や、（月の名称は違うものの）エチオピアの教会で使用されている。

太陽周期

四年の閏年周期と週七日制を組み合わせて、二八年太陽周期が生まれる。その周期ごとに、年はそれぞれ週の同じ曜日にはじまり、閏年周期においては同じ場所を占める。この太陽周期は復活祭日の計算においてはきわめて重要で、一〇世紀までにアイスランドの暦の単位になってしまっていた。アイスランドでは一年が正確に五二週、すなわち三六四日からなり、追加の一週間が二八年で五回、追加されて不足分を補っていた（第5章参照）。

（訳注1） 単位 foot（複数形は feet. 通常は1 foot＝12 inch＝30.48 cm）には種類があり、フランスでは、1 foot＝32.25 cmと32.98 cmの場合もあるようだ。つまり、いろいろな計り方があり、またいずれもかなり長いので、実際の人間の足の靴に入る部分の長さに計測値が一致しないかもしれないということである。

（訳注2） マヤ文明の領域内、東側の部分に住んでいた人々を指す。

（訳注3） 太陽が一年かけて星々の間を動いて行く「黄道」を基準として作られた天球の座標系、「黄道座標」の経度のこと。緯度のことは「黄緯」という。

（訳注4） 「偉大な文明」とはシュメール文明や初期エジプト文明のこと。

（訳注5） Thoth, Phaophi, Hathyr, Choiak, Tybi, Mecheir, Phamenoth, Pharmouthi, Pachon, Payni, Epeiph, Mesoreのこと。

第3章
近代の暦の前史と歴史

ローマ共和国の暦

今日、ほぼ至るところで知られ、用いられている暦は、ユリウス・カエサルが紀元前四六年に改革し、それを教皇グレゴリウス一三世が一五八二年に改革したローマ暦の発展型である。

カエサルの改革以前から見ていこう。ローマ暦は粗悪な太陰太陽暦で、平年は偶数よりも幸運だと思われた奇数の三五五日（三五四日より一日多い）であった。同じ理由からふつうの太陰暦と同様に、ちょうど三〇日ある月はなかった。二月は二八日だったが、ほかの月は三一日か二九日の奇数の日数であった。

月《つき》のうち六つが五から一〇までの数にちなんで名づけられ、一年はマーチ（3月）から数えられた。ところがマーチが一年のはじまりであり、フェブラリー（2月）が終わりである伝統

（その根拠は二月の短さと清めの儀式にあった）であったにもかかわらず、有史時代の最初の月は、ジャニュアリーになった。それは門の守護神で頭の前後に顔を持ち、公共の祈りにおいて最初に名前が付けられたヤヌスにちなんでのことである。ローマ人たち自身、この相違に気づいていたが、彼らはローマの伝説的な建設者であり、軍人、政治家でもあり、しかし知識人ではなかったロームルス王が、一二月と三月の間のうら寂しい冬の間をわざわざ分割しなかったのだということ以上に納得できる説明を見つけられなかった[1]。

イタリアにおけるそのほかの文化では、月のはじめの日や月の真ん中の日を満月に対応させていた。ローマ人たちは、前者を元来、新月がその日に告げられていたことから、古代語の動詞カラーレ[2]（*calare*）を基にカレンダエ（*Kalendae*）（カレンヅ〈英語〉）と名づけた。そして後者を「分ける」を意味するエトルリア語由来のエイドゥース（*Eidus*）（アイヅ〈英語〉）という語でよんだ。月の中間点は三一日まである四つの月（三月、五月、クィーンティーリス月とよばれた月、十月）では一五日に、それ以外の月では一三日に当たった。しかし三一日ある月の七日目、それ以外の月では五日目に、三番目の目印となる日ノーナエ（*Nonae*：ノウンズ〈英語〉）もあった。この切れ目をわれわれだったらアイヅから八日前の日というところだが、ローマ人たちは九番目の日（ノーナス〈*nonus*〉が九番目の意味）とよんだ。いうまでもなく、彼らは最初の日を含めて数えるほうを好んだのだ。それ以外の日は、次の目印となる日との関係を示すかたちでよばれた。たとえば、目印となる日の前日はプリーディエー・カレンダース／ノーナス／エイドゥース（*pridie Kalendas / Nonas / Eidus*）、またほかの日は「何日前」とその目印となる日を含めて数えるかたちでよばれた。その結果、三一日ある月でカレンヅの翌日はノウンズの六日前（アンテ・ディエム・セクストゥム・ノーナス〈*ante diem sextum Nonas*〉、略して*a.d. VI Non.* と記される）、ほかの月では四日前などとなった。

暦上の日にはすべて、AからHまでの文字が付けられていた。数えはじめの文字を都合、二回数えていたがゆえにヌンディヌム、すなわち「九日周期」として知られていた市《いち》の八日間周期があったのだ。文字は、その日が周期の中でどこにあるかを示していた。どの市にせよ、その日付がいったんわかれば、日付の脇にある文字から、その年のほかのすべての開催日がわかった。ほかの印はその日に市民集会が開かれるか否か、法務官が訴えを聞くか否かといったことを示した。宗教的な祝祭も暦に記録されていたが、記録される基準はそのときの重要性よりも伝統のほうにあった（資料9）。

季節と一致させるべく、神祇官として知られる司祭の集団が、時に二七日からなる追加の月の挿入を命じた。その月はインテルカラーリス（Interkalaris）、もしくはインテルカラーリウ

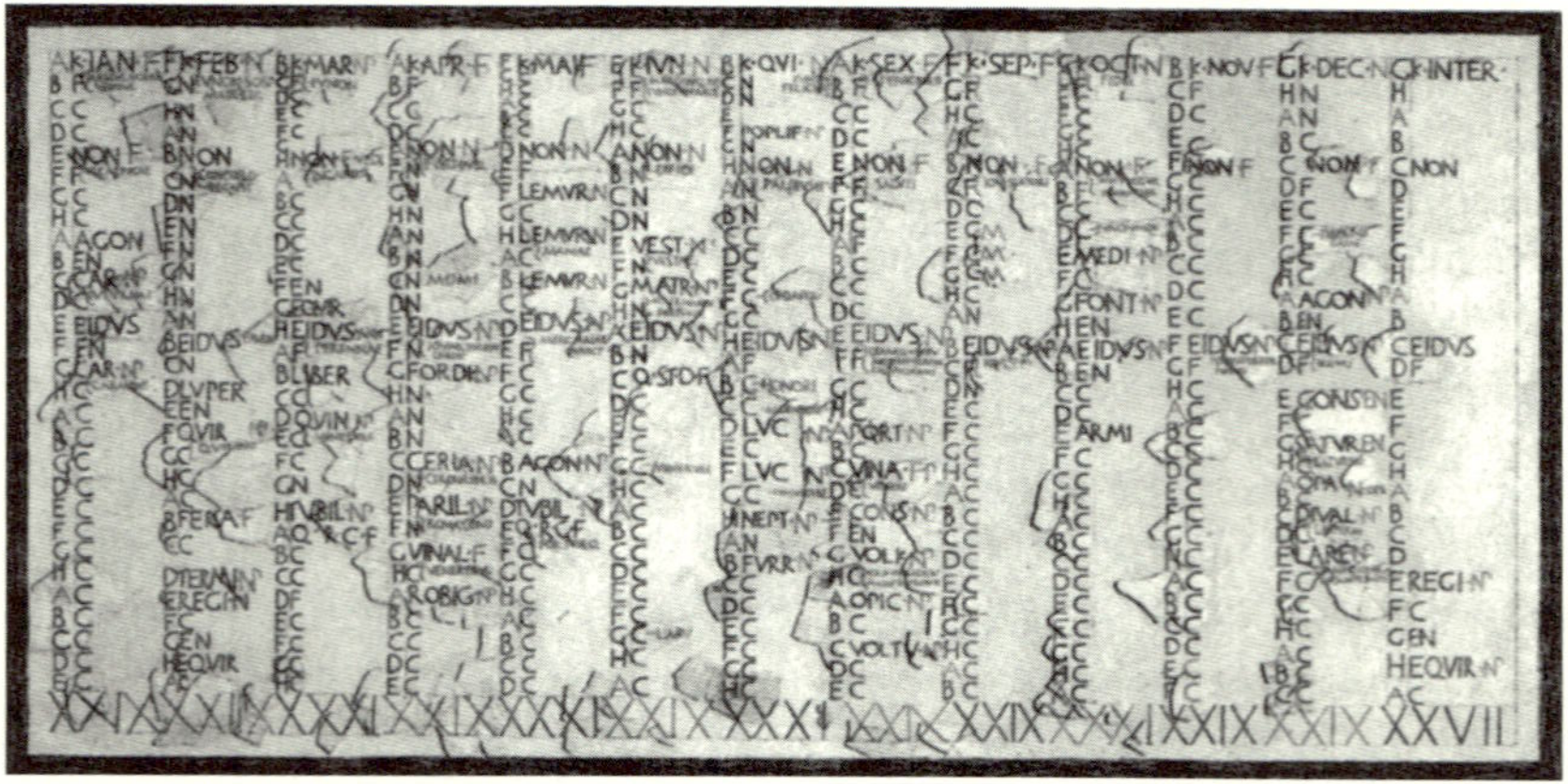

資料9　ファースティー・マーヨーレース・アンティアーテース（Fastī maiores Antiātēs）（アンティゥムで発見された大きい方の暦）．これはユリウス暦よりも前のローマ暦を示している．縦の段はヌンディヌム周期，印となる日，公の仕事をするのに適している日，宗教的な行事がある日を示す．*C*（*Comitiālis*（コミティアーリス）の頭文字，「民会の」の意）はその日に人々が集まって政務官を選ぶことができること，または法案・議案に投票できることを示す．*F*（*Fastus*（ファーストゥス）の頭文字．「開廷日の」の意）は法務官が言い分を聞くことができること（すべての*C*の付く日は*fasti*（ファースティ）（ファーストゥスの複数形）であった）を示した．また*N*（*Nefastus*の頭文字）または*NP*（完全表記は不明）は，「法務官が宗教上の理由からそれをできない→行えない日」を，他の印は一日のうち時間限定でそれをすることができる日を示した．
ローマ，ローマ国立博物館（パラッツォ・マッシモ・アッレ・テルメ）．

ス（Interkalarius）として知られた。その月は、五日をノウンズ、一三日をアイヅとし、挿入される場所は二月二三日（国教の守護神テルミヌスの祭りの日）の後か、その一日後に足された。二月の残った日は消され、その結果、一年は三七八日もしくは三七七日になった。九日周期はカレンダエ・インテルカラーリス（もしくはインテルカラーリウス）すなわち閏月の間は中断されたが、その後は年末まで順調に続けられた。

閏調整は科学的な法則に基づいて行われたのではなく、政治などの判断によって行われた。神祇官自身、政治家であった。時にその決定には時間を要し、キケロは書いた手紙の日付を一年の終わりのテルミヌスの祭りがはじまる前の期間にしなければならなかった。追加日は不吉であるという人々の間に広く広まった迷信のせいで、この閏調整作業は第二次ポエニ戦争の間は中止され、その結果、暦は太陽の四か月先を進むことになった。七月一一日に紀元前一九〇年三月一四日の日食が記録されている。

神祇官たちが調整作業を再開すると、彼らは度を超えて調整を行った。そのため紀元前一五三年に軍事的な緊急事態が起こり、国の新しい執政官（コンスル）がただちに執務を開始し春の遠征をはじめたとき、彼らが職務を引き継いだのは、紀元前二二二年以降のつねであった三月一五日ではなく一月一日であった。その日付は一年の最初の日でもあったため、その後、執政官の任期のはじまりの日として維持された。

これはローマ人がコンスルによって定期的に年を識別していたから、いっそう、好都合だった。たとえばユリウス・カエサルは、「クィーンティーリス月のアイヅの四日前、ガイウス・マリウス（六期目）とルキウス・ウァレリウス・フラックスがコンスルだったときに」生まれたといえるのだ。その日は現在の慣習的な換算では紀元前一〇〇年七月一二日になっている。もっとも、ユリウス暦（以下の節参照）を作成された紀元前四五年よりも前へ適用した場合でも同じ日付になるかどうか、一概にはわからない。

ユリウス暦改革

紀元前六三年のこと。大望を抱いた若き政治家であり、まだ軍人としての征服者ではなかったカエサルが最高神祇官に選ばれ、閏調整作業の責任を担うことになった。その作業が行われたのはガリア戦争中、カエサルがガリアを離れて二月を過ごせた紀元前五五年と五二年のみで、その後の内戦の間では一度もなかった。その結果、暦はふたたび太陽よりも先に進む事態になった。手に負えぬ諸々の敵を打ち倒した後、カエサルは紀元前四六年になって決定的な行動に出る。通常の作業を命じるだけでなく、一一月と一二月の間に二つの長い月、合計六七日間を入れることで、彼はこの年（後のローマの著述家が混乱の最後の年とよぶ年）を四四五日間に延ばし、戦時中、閏月を入れ損なった分を補ったのである。

紀元前四五年以降は新たな暦が施行されることになった。三一日ある四つの月には変更がなかったが、二九日ある月は一日分追加（四月、六月、九月、一一月）、あるいは二日分追加（一月、セクスティーリスの月、一二月）されることで延び、これで一年は三五五日ではなく三六五日となった。変更になった月で、ノウンズとアイヅの位置は変更がなかった。その代わり、アイヅの翌日が次のカレンヅの一八日前または一九日前になり、一七日前ではなくなった。

これ以上、閏月を設ける必要はなかった。しかし一年が季節と歩調を合わせるべく閏年が制定され、その年には二月二四日が二度、数えられることになった。

カエサルは追加の日を「四年おきに」入れることを命じた。ところがたいていのローマ人たちはこの言葉を「三年おきに」と理解したので、カエサルが殺害された後、三年ごとの周期が制定された。しかし自身も紀元前一二年に最高神祇官になっていたアウグストゥスは、紀元前九年（この年は、どちらの場合でも、閏年に当たる）以降、閏調整作業を省くことでこの間違いを正した。西暦八年には調整作業が再開され、その後は四年ごとになされることになる。西暦八年は紀元前四五年から数えて五二年目に当たるゆえ、この年も閏年であったはずである。

それゆえユリウス暦の最初の日は紀元前四五年一月一日とわれわれがよぶ日で、その日は金曜日であった。金曜日は慈悲深い天体、金星に支配された曜日であり、カエサルは自分の家族はこの天体の女神の子孫だと主張した。

紀元前四四年、カエサルが生まれた月であるクィーンティーリス（Quinctilis）は、神格化された独裁者を称えるためユーリウス（Julius）と改名された。そして紀元前八年、修正の時期に際して、セクスティーリス（Sextilis）という月の名がアウグストゥス（Augustus）に変えられた。その月はカエサルの後継者アウグストゥスがアントニウスとクレオパトラの連合軍を破った月である。

暦はその後、二、三の言葉上の変更や、後の皇帝達にちなんだ時折の月名の変更（決して永続することはなかった）があったものの、構造上の混乱も生じることなく一五八二年まで続いた。ヌンディヌムを一週間に変えたことも、異教の祝祭日やキリスト教の祝祭日の連続した変更も、月の長さと順番に影響を与えることはなかった。

ローマ帝国内に住むギリシャ人たちは町単位でそれぞれの暦をもっていたが、ローマ暦は帝国全域の時間計測としても用いられた。しかし五世紀には、目印となる日から数える方法があまりにも厄介なものと思い、一日から最終日までを通しで数えていくことにした。そのやり方は教皇グレゴリウス一世（五九〇－六〇四）が採用したにもかかわらず、古代ローマ世界全体では根づくのに長い時間がかかった。

カエサルからグレゴリウス一三世

カエサルの改革は太陽暦の一年を三六五日と六時間と見なしていた。それは回帰年〈3〉と比較して、一一分と少し長かった。その差は一二八年で一日と少しになる。春分の日から春分の日までを計るとなると、その差は縮まり、一三一年余りで一日という計算だ。ローマ暦における昔からの三月二五日は、ますます本物の春分の日から遅れることになった（三月二五日はカエサルの改革の後にいったん定着したが、そもそもは古代ギリシャ初期の天文学者たちが定めたといえる。なぜなら、この日は紀元前三世紀に当てはまり、一世紀には当てはまらないからだ）。西暦三世紀には春分の日が一般に二一日となった。この日を採用したのはアレクサンドリアの教会であり、それを出した計算のやり方はすべてのキリスト教徒にとって確定的なものとなるが、その一方で間違っていることもしだいに明らかになっていった。

一三世紀以降は誤差が一週間を超えると、改革の提案がなされた。そうした提案は特定の日数を一回限りの訂正として削り、それ以降、閏日の挿入は閏年の超過を減らすために時には控えるべきだという考え方に基づいてなされた。しかし次章でわかるように、復活祭の日を正すのに、これで十分とはいえなかった。

一四七六年、偉大なる天文学者のヨハン・ミューラーは教皇シクストゥス四世に暦改革のためによばれたが、到着後間もなく亡くなってしまった。約四〇年後、教皇レオ一〇世はこの改革の問題をいろいろな大学に照会したが、何ら提案を得られなかった。そして折りしも暦の問題を解決したいというかなる望みも一五一七年、宗教改革の勃発によって挫かれてしまう。宗教改革は教会の司法権に大きな敵意を抱く改革運動でもあり、カエサルが定めた暦を改訂する権利、ましてや聖書に定められていない祝祭のために暦を改訂する権利を教皇に認めようとはしなかった。ルターはこう主張した。「〈暦〉改革は教会の仕事ではなく、キリスト者である世俗の王侯たちの仕事だ。しかし混乱を避けるため、とくに祝祭日について両者は協力するしかない。」このルターの主張は、とりわけドイツにとって妥当なものであった。ドイツは多くの州に分かれ、いち早く暦の統一が望まれていたからだ。

キリスト者の王侯たちは何もしなかった。また一五四五年から一五六三年の間、ローマ教会の改革を考慮すべく開かれたトリエントの会議も何もしなかった。しかし間接的には、その最後の会議においてミサ典書と聖務日課書（教会の祈祷書）の改正が教皇に対して差し戻され、暦改革の問題が再提議された。こうした改正はピウス五世（彼の一五六八年の聖務日課書には、過越しの祭りの日を出す太陰暦の不備な改正が含まれていた）によって滞りなく実現し、彼の後継者たるグレゴリウス一三世は、通常の政治的権力の延長線上に力を伸ばし、祈祷書が基づく暦の改革を行った。一五七八年、時の教皇グレゴリウス一三世は改暦委員会を組織し、改暦作業を行うことを命じ、それが四年後、ついに暦の公布というかたちになった。現在でも彼の名をとどめている暦である。

春分の日はその当時、三月一一日かその周辺に設定されていたのだが、これをふたたび二一日に戻すべく、教皇は一五八二年一〇月四日の翌日を一五日とよぶように命じた。さらに四〇〇で割り切れる数を除いた〇〇で終わる年の閏日をなくすことによって、これ以上のずれを避けられるようにした。それは最も正確な修正というわけではなかったが、最も都合のよい修正であり、ほかのいろいろな周期よりもはるかに追いかけていくのが容易だった。さらにこの修正には一六〇〇年が（修正前と変わらず）閏年になるし、最初の削除が一七〇〇年というまだ十分、先のことだという利点もあった。改革のこの部分は、ふつう、「新スタイル[4]」として知られている。

新スタイルの受容と拒絶

教皇グレゴリウスが勅令を出した際、教会の権威はプロテスタントたちによって否定されたばかりでなく、ローマ・カトリックの国々においてさえ、世論は民衆の権利を主張した。教会領の外側で暦改革を行ったのは世俗の権威者たちである。イタリアの都市やスペインはすぐに改革を受け入れた（その結果、アビラのテレサは一五八二年一〇月四日に亡くなり一五日に埋葬された）。教皇の干渉が広い地域で避けられたフランスでは、教皇の指定した暦に従いたいという王アンリ三世の気持ちは議会の激しい反対に遭う（これには教皇も困った）。一二月になってようやく改革はなされ、九日（その日は王の後ろに厳かな行進が続き、王の世継ぎのために祈りを捧げる行事があった）の翌日が二〇日になった。実施にもっと時間を要した国もある。

農家の間で新しい暦は古来の習慣を変えるものとして、また農家の伝統的な一年の過ごし方や天候にまつわることわざに混乱を与えるものとして、評判がすこぶる悪かった。ドイツのある風刺的な歌の歌詞によれば、何よりも良くないことに教皇は聖ウルバヌスの日（三月二五日）に干渉した。この日は毎年のワイン用ぶどうの収穫を予言する日だった。もし晴れていれば、ぶどうがたくさん収穫されるということで、農民たちはワインをたくさん飲み、聖者ウルバヌスの銅像にワインを少しかけもした。雨になれば収穫はよくないということで、農民たちは聖者の銅像をぬかるみの中で転がしたり、川に投げ入れたりした。農民たちにとっての選択は、しきたりを暦のうえでずれた一〇日後に行うか、しきたりを完全に捨ててしまうかのどちらかだった。

これらの他、オランダの二つの州であるホラント（一五八二年の一二月一六日から二四日までを削った）とゼーラント（一五八三年の一月二日から一一日までを削った）を例外として、非カトリック社会はほとんどがユリウス暦を残した。プロテスタントたちは次のように主張し、暦改革に反対した。一つは、春分は（多くのローマ・カトリック教徒がそれまで思っていたように）カエサルの時代のように三月二五日にすべきだということ。もう一つは、太陰月の一四日を知るための表（月の運行表）は完全に正確ではないということである。こうした主張は実際には、教皇がやっていることに反対するための言い訳にすぎなかった。ローマ・カトリックの支配下にもかかわらず、ギリシャが所有したヴェネツィアではユリウス暦が維持されたし、それはポーランド共和国の正教会（そして「合同教会」）でも同じだった。

英国では、エリザベス一世がその知性を十分に発揮して暦改革の長所を見極め、賢明にも、人々から助言をもらっていた。彼女に仕える大臣たちは好意的であったが、主教に至っては、好意の欠片も持っていなかった。一流の数学者で時の魔術師であったジョン・ディーは、一一日間と五三分がキリストの誕生以降、秘かに加わったと計算し、一五八三年の一月から九月までで毎月の最終日と一〇月の最後の二日を削ることを主張した。その主張には、英国が他のキリスト教社会の模範、さらには教皇さえ見習うべき模範になってほしいという願いが込められていた。ディーの案は英国の暦にまつわる例外的状況に対処するために講じられた最初のもので、後にトマス・リディアットが一六二一年にローマ暦よりもユダヤ暦を基にして主張した五九二年周期よりもずっと健全なものであった。リディアットの案は人々にいくらか知られることになったが、それに続く案は出てこなかった。

新しい暦の浸透は一七世紀前半に進捗を見る。プロイセン公国やスイスのヴァレー州で受け入れられたのだ。しかし、ほとんどのプロテスタントたちは一七〇〇年が近づこうとする最中、依然としてユリウス暦を用いていたため、一〇日から一一日ほど、ずれが増えた。この状況は、オランダ、ドイツ、デンマークのプロテスタントたち、そしてスイスにいた大半のプロテスタントたちに「新スタイル」の採用を促した（グレゴリオ暦による復活祭日の採用を促しはしなかった。第4章参照）。スウェーデンでは一七〇〇年から一七四〇年の間に一一の閏日を削ることで、新スタイルを楽に取れ入れようと試みた。一七〇〇年の閏日はしかるべくして削除されたが、一七〇四年、一七〇八年の閏日は削除されなかった。その結果、スウェーデンがポルトヴァでロシアに軍事的に大敗した日は、英国やロシアの歴史家たちによって旧スタイルの一七〇九年六月二七日と記され、また大半の国では新スタイルの七月八日と記されたが、スウェーデン・スタイルでは六月二八日である。この大敗が暦に触れたことへの神の怒りのせいではないかとおそれられたため、一七一二年にユリウス暦が二月に三〇番目の日を加えるかたちで復活している。

その頃、英国では暦を改革しようという提案は無に帰してしまっていた。それはとくに数学者ジョン・ウォリスが反教皇的態度を促したためであるが、彼はなかんずく復活祭は法的な暦を変えることなく、天文学的に見出せる（正にスウェーデンが一七四〇年に採用することになる計画である）と言った。また彼は、スコットランド（当時、まだ英国とは別の王国）は行動をともにすることはないかもしれないと述べた。スコットランド長老教会は、復活祭が聖書に基づかないとして祝うことを拒んで以来、春分について悩む必要がなくなっていた。しかし、一七〇七年の英国とスウェーデンとの連合によって二つの議会を説得しなくてもよくなった途端、暦を改革するための複数の提案が英国で出てきた。その中には大陸との関係という実務面を考慮しないきわめて過激で進歩的なものまで含まれていた。

唯一、理にかなった改革、すなわち新スタイルを採用するということは、最終的には一七五一年の議会法によって実施された。この法は一七五二年の九月三日から一三日までの間、一一日間を削ることを命じた（資料10）。また、英国における一年のはじまりは三月二五日から、スコットランドやほかの大半の国々と同様に一月一日へ移された（次頁の枠囲み参照）。

この法は、「名目上の日」（用語集参照）に開かれるべき教会の祝事といった行事と、「自然

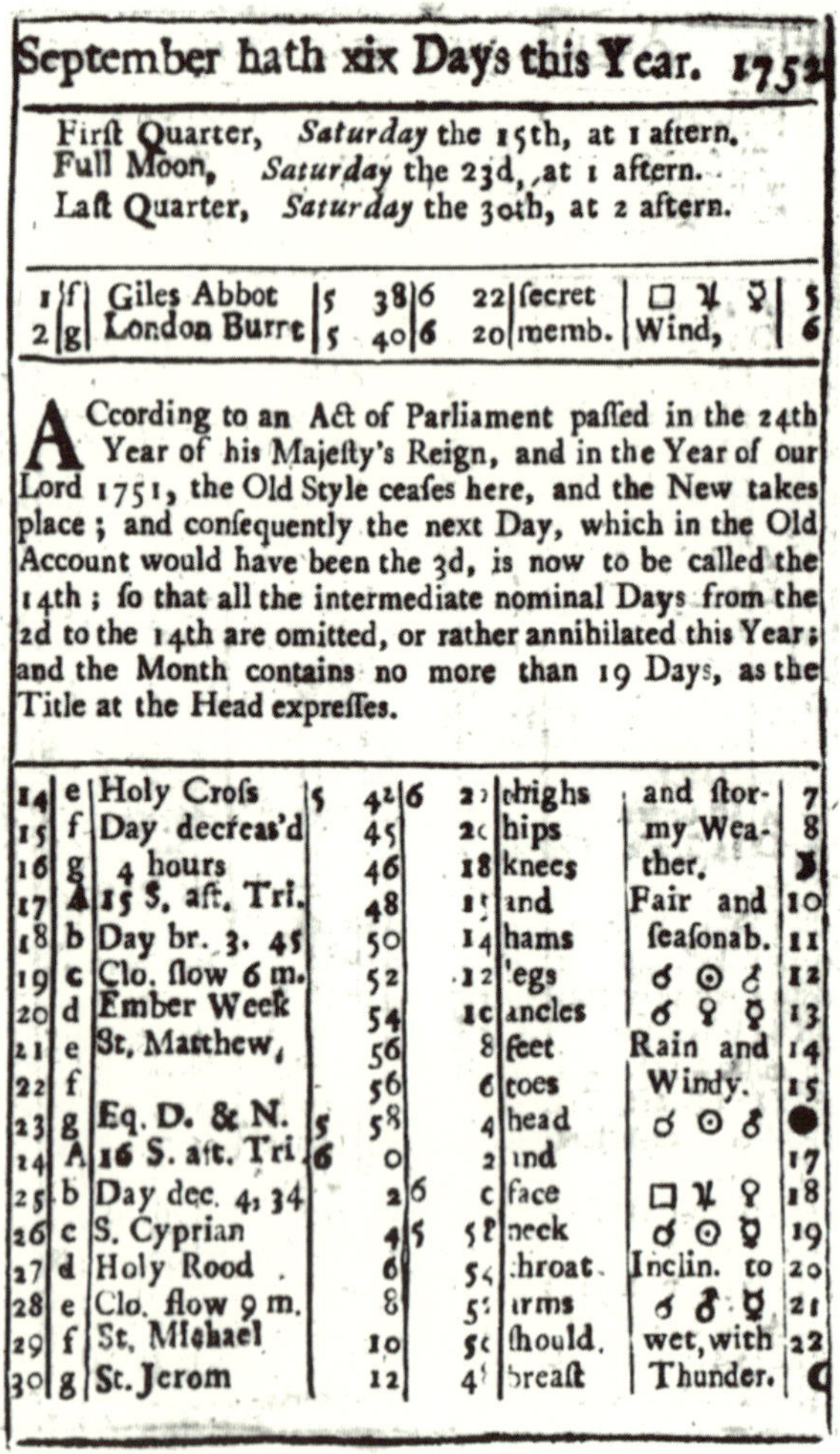

September hath xix Days this Year. 1752

Firſt Quarter, *Saturday* the 15th, at 1 aftern.
Full Moon, *Saturday* the 23d, at 1 aftern.
Laſt Quarter, *Saturday* the 30th, at 2 aftern.

1	f	Giles Abbot	5	38	6	22	ſecret	□ ♃ ☿	5
2	g	London Burnt	5	40	6	20	memb.	Wind,	6

ACcording to an Act of Parliament paſſed in the 24th Year of his Majeſty's Reign, and in the Year of our Lord 1751, the Old Style ceaſes here, and the New takes place; and conſequently the next Day, which in the Old Account would have been the 3d, is now to be called the 14th; ſo that all the intermediate nominal Days from the 2d to the 14th are omitted, or rather annihilated this Year; and the Month contains no more than 19 Days, as the Title at the Head expreſſes.

14	e	Holy Croſs	5	42	6	22	thighs	and ſtor-	7
15	f	Day decreas'd		45		20	hips	my Wea-	8
16	g	4 hours		46		18	knees	ther.	☽
17	A	15 S. aft. Tri.		48		16	and	Fair and	10
18	b	Day br. 3. 45		50		14	hams	ſeaſonab.	11
19	c	Clo. ſlow 6 m.		52		12	legs	☌ ☉ ♂	12
20	d	Ember Week		54		10	ancles	☌ ♀ ☿	13
21	e	St. Matthew,		56		8	feet	Rain and	14
22	f			56		6	toes	Windy.	15
23	g	Eq. D. & N.	5	58		4	head	☌ ☉ ♂	●
24	A	16 S. aft. Tri	6	0		2	and		17
25	b	Day dec. 4, 34		2	6	0	face	□ ♃ ♀	18
26	c	S. Cyprian		4	5	58	neck	☌ ☉ ☿	19
27	d	Holy Rood		6		56	throat	Inclin. to	20
28	e	Clo. ſlow 9 m.		8		54	arms	☌ ♂ ☿	21
29	f	St. Michael		10		50	ſhould.	wet, with	22
30	g	St. Jerom		12		48	breaſt	Thunder.	☾

資料10　19日からなる9月が載っている1752年の暦.
オックスフォード大学，ボドリアン図書館（ドゥース A.618(16)）

の日」(用語集参照)まで延期される行事(農業に関する祭り、貸借の決定、あるいは成人式など)とを区別した。したがって一七五二年のミカエルマスは新スタイルの九月二九日になっていたのに対し、ミカエルマスの祭りは一〇月一〇日に開かれることになった。変則的なことがいくつか生じたため、新たな法も必要となった。たとえば、チェスターでは聖デニスの日(一〇月九日)の後の金曜日に市長の祝いが祭りと一緒に行われていたのだが、一七五一年の法によって、祝いを祭りより一一日早く行うことが余儀なくされた。これを是正するための法が牛の病気についての法案に急遽、盛り込まれることになる。

どちらの年が、より長いか?

一七五一年と一七五二年は、(a)英国、(b)スコットランド、(c)フランスにおいて、どちらが長かったか?

(a)一七五二年である。英国では一七五一年が一年が公的に三月二五日からはじまる最後の年だった。一七五一年は一二月三一日に終わり、したがって二八二日しかなかった。

(b) 一七五一年である。スコットランドでは一六〇〇年以降、一年は一月一日にはじまっていたが、旧スタイルもまだ使われていた。したがって英国と同様、一七五二年の九月から一一日が取り除かれた。

(c) 一七五二年である。フランスでは両方の改革がすでになされていて、一七五一年は三六五日、一七五二年は閏年ゆえに三六六日であった。

一七五二年後半、英国中南部のオックスフォードシャーで二つの議席をめぐる、制約がないことはなはだしかった選挙運動がはじまった。議席が争われたのは一七一〇年以来はじめてのことだったが、この選挙も一七五四年まで投票が行われることはなかった。この件は一七五三年のはじめに暦の問題を表面化させた。それ以後は暦に対する興味は薄れてしまうが、オックスフォードシャーでの行き過ぎた行為によって、ホガースの『選挙』という一連の風刺画が生まれることになった。この風刺画の最初の一枚である『選挙の愉しみ』(資料11)には、人に捨てられ杖をもった人物に踏まれた格好になっている選挙プラカードが描かれている。そこか

資料 11　ホガース,『選挙の楽しみ』の版画（部分図）[5]
英国美術館（蔵品番号 Cc, 2-182）

ら「われわれに我らが一一日間を与えよ」という文字が読める。このプラカードは新スタイルに対する反乱が起こったという「神話」を生み出したものだ。反乱は確かにあったのだが、その矛先は施行されたばかりのユダヤ人に市民権を与える法律であった。政府は、それを取り消すように脅されていた。

一七五三年、スウェーデンはやっと新スタイルを取り入れた。二月一八日から二八日までを削除したのだ。地方分権化が進んでいたグリーシューン（Grishun）あるいはグラウビュンデン（Graubünden：一八〇三年までスイス領ではなかった）にいたプロテスタントたちは、一七八四年には歩調を合わせはじめた。ただし自治区スーシュ（Susch）が新スタイルを導入するのは、一八一一年にナポレオンの軍隊が強制してからである。これ以降、新スタイルは、プロテスタント、ローマ・カトリック、両方の人々の間で普遍的なものになった。

正教会の国々は法律上の目的であってすら、二〇世紀になるまで改革を受け入れなかった。しかしブルガリアで一九一六年の四月一日から一三日までを削除したこと、そしてソビエト・ロシア、セルビア、ギリシャで同じような国家的な処置が続くと、正教会の人々も改革の再考を強く迫られた。一九二三年の五月になると、教会の中には以下の三つの点からなる「改訂ユリウス暦」に同意したところもあった。

（ⅰ）一九二三年一〇月の最初の一三日間を削除すべきである。
（ⅱ）〇〇で終わる閏年は、九〇〇で割ったときに二〇〇ないし六〇〇の余りが出るものに絞るべきである（これはグレゴリオ暦よりはるかに精度が高い計算である）。
（ⅲ）復活祭の日を決めていた満月は、昔からのルール（第4章参照）に頼るのではなく、エルサレムの子午線を基に決めるべきである。

この最後に挙がっている改革は失敗に終わった。最初のものは、この期日とリアルタイムで行われることはなかったし、いまだに多くの場所でなされていない。国家の圧力の下、ギリシャ正教の教会（アトス山の自主的なコミュニティは除く）は、改革案を一九二四年の三月一〇日から二三日までの間に受け入れた。その年の後半、ルーマニアでは国と教会が改革を受け入れたが、ブルガリアでは教会が一九六八年まで改革を行わず、またロシアやセルビア、マケドニア、グルジアの教会が、エルサレムとポーランドの正教会と並んで、期日の移動ができない祝祭のためにユリウス暦を現在でも用い、祝祭の法律上の日付を一三日後にしている。ギリシャではクリスマスは西方と同じ日に祝っているが、こうした国々では一月七日に祝っている。

このような事情から、法律上の新年最初の日がクリスマスの前にはじまることになり、それは非宗教的祝祭の日であるゆえ、ソヴィエト社会主義共和国連邦では重視され、結果としてクリスマスの存在が薄まった。

二番目の改革(西洋人の中にはこの改革を間違って、ソヴィエト体制・政権のせいだと思っている人々がいる)は、記録上はもっと広い地域で受け入れられてきた。しかし二〇〇〇年が(そしてその次の二四〇〇年が)どちらの暦でも閏年に当たる以上、この規則が有効であるかどうかは、グレゴリオ暦では閏年であり、改訂ユリウス暦では閏年ではない二八〇〇年にならないとわからない。

(訳注1) 著者によればローマ人達の説明は、一月、二月が存在しなかった一年一〇カ月制の暦に対する説明であるが、開始の異なる二つの一二カ月制の暦の相違についても、どうやらそうした説明がなされていたようだ。

(訳注2) 「宣言する」という意。

(訳注3) ここで著者が回帰年という語で指しているのは、巻末の用語解説における二番目の意味、すなわち歳差に関して太陽が黄道上を完全に一周する時間のことである。

(訳注4) この先、原文で New Style と書かれた箇所はそのまま「新スタイル」と訳すが、この用語が指しているのは著者によると、グレゴリオ暦への移行において日付が変更された点であり、復活祭の日の計算のことは対象外である。

たとえば現在、ギリシャ正教会に属する多くのキリスト教徒たちは新スタイルを用いているが、彼らはユリウス暦の復活祭を祝っている。

（訳注5） この絵は「選挙におけるパブ内での饗応風景」を描いたものだという（小林章夫・齊藤貴子『風刺画で読む十八世紀イギリス』朝日新聞出版、二〇一一年より）。

第4章 復活祭

復活祭。キリストの復活を祝うこの日は、歴史上、キリスト教のあらゆる祝祭のうちで最も重要なものである。たとえ西洋の国の中に、正教会がまだ保持しているその宗教的な意味をほとんど失った国があるにしてもである。しかし、この行事はさらに広い文脈で議論するに値する。それは復活祭が公の宗教的な祭日であるから、また実際、キリスト教徒も復活祭の日付がまるで気まぐれに大きく変わることに戸惑う可能性があるからというだけでない。この日を計算してきた歴史が、時間計算の多くの複雑さを示しているからでもあるのだ。

復活祭の起源はユダヤの過越しの祭りであり、ヘブライ語ではペサー（*pesaḥ*）として、またアラム語ではパスハー（*pasḥā*）として知られている。過越しの祭りは、聖書の時代、ニサンという月の一四日に子羊が生贄にされたことに由来する。[1] その子羊は日没、すなわちユダヤの計算では一五日のはじまりに（七日に及ぶ種なしパンの祭りのはじまりに）食べられた。
聖ヨハネの福音書によると、キリストのはりつけはニサン月一四日の日中に起こったということだ。一四日のほうが、他の三人の使徒たちによる一五日説よりも理にかなっている。なぜなら、もし一五日だったとすると、そのときに行われた一連のことによって当日（安息日）が汚されてしまったことになるからだ。この時点ではキリスト教信者たちの多くの者がまだユダヤ教信者だったわけであり、彼らがはりつけをニサンの一四日に祝うことで、イエスを人間の罪を贖うために生贄にされた神の子羊と見なすことは自然であった。しかもギリシャ語でパスカ（*páscha*）は動詞パスクヘイン（*páschein*：「苦しむ」という意味）を暗示するがゆえに、人々にとってこの連想はいっそう、抱きやすかった。

しかしながらキリストが日曜日に復活したことから、日曜日を毎週、祭りの曜日として祝う習慣ができる。このため、やがて、はりつけの記念日を祝うことよりも、復活の記念日を祝うことがよりふつうになる（東方の地域では過越しの祭りの後の日曜日に、またほかの地域では独自の計算によって見出した日付の後の日曜日に行った）。いずれの場合もユダヤ人に頼ることを避けるために、そしてますます広まりつつあった祝いの前の断食の習慣を行うために、前もって日付を知る必要があった。それには最初の太陰月の一四日目を知ることが必要で、その日は「一四番目」を意味する「テッサレスカイデカテー」（*tessareskaidekate*）というギリシャ語でよばれた。またラテン語ではルーナ・クワールタデキマ（*luna quartadecima*）とよばれたが、これは文字どおりには「一四番目の月」という意味で、以下、略してルーナ一四（*luna XIV*）と記すことにする。ルーナ一四が見つかれば、今度はその次の日曜日を同定しなければならなかった。この計算の方法はコンピトゥスとして知られている。

復活祭の日の範囲

三世紀以降は、大半の教会がルーナ一四を過ぎた日曜日を復活祭とすることに同意するが、原則について、二つの疑問が残った。すなわち、いつ最初の太陰月[3]がはじまるのか、そして、もしルーナ一四が日曜日だった場合、復活祭をその日に祝うのか、あるいは次の日曜日に回してユダヤ人たちと一線を画すのか（ユダヤ人は、ニサンの一四日が決して日曜日にならない規則をまだ採用していなかった）ということである。このうち、次の日曜日にずらす方法が普及した。ローマではニサンの一四日を一番最初の聖金曜日と考えるために、ルーナ一四が土曜日に当たる場合でさえ復活祭を延期した[4]。その結果、祝祭は復活が起こった太陰月の一六リューン、すなわち一六日（ルーナ一六）よりも早くなることは決してなかったし、遅くなって二二日（ルーナ二二）になる場合もあったかもしれない。

一方、祝祭は、ローマ市の建国を祝う四月二一日のパリーリアの日よりも後にしないことが重要だった。市民の祭りの日に断食を強いられているキリスト教信者たちが、市民たちから敵意を抱かれたり、誘惑に駆られたりすることがないようにである。一六番目の日から二二番目の日という太陰暦上の制約と、四月二一日の太陽暦上、いちばん遅い期限の両方が、ヴァチカン図書館内の階段のいちばん下、いまもある石の椅子の上にギリシャ語で刻まれた暦には見られる。それは二二二年から周期がはじまる暦である。

この基準年二二二年の暦では、復活祭が早くも三月一八日にやってくることがある。しかしこれに関しては、ユダヤ人は自ら打ち立てた規則、すなわち過越しの祭は春分の日より前にあってはならぬという規則に従っていないと、キリスト教信者から不満が噴出した。これは一つには彼らがユダヤ人の規則を誤って理解していたことが原因であるが、ユダヤ人コミュニティ間で習慣に明白な違いがあることを見逃していたことも原因だ（第6章参照）。当然、ユダヤ教の過越しの祭りが春分の日より前に来るべきではないというならば、キリスト教の過越しの祭りもそうあってはならないことになる。ローマの教会では春分は依然として三月二五日と考えられていたが、四世紀までにキリスト教の過越しの祭りは春分の日より前に来てはならぬという見方を、実際には無理でもしていたようである。アレクサンドリアでは、過越しの祭りの正式な日付であるルーナ一四自体、春分の日に先んじてはならぬというより厳格な方針が採用され、春分の日は（より正確なものとして）ファメノトという月の二五日、すなわちローマ暦の三月二一日とされた。一方、遅いほうの期限はなかった。四月二一日（地元ではファルムーティという月の二六日）はまったく意味がなかったからである。

初期の復活祭周期

宗教上の原則に基づくものではなかったものの、ルーナ一四を探すために用いられた方法にも種類があった。そうした方法は、天文学がすでに獲得した科学的な標準には遠く及ばず、むしろ占星術との関連が考えられた。最も初期の方法は、オクタエテーリス（*octaeteris*）、すなわち八年周期を利用したものである。その周期において太陰月は、三〇日と二九日を交互にくり返し、法律上の閏日はそれ自体、一つの日にち（リューンという）としてカウントされた。三年目、六年目、八年目には、三〇日ある閏月が加えられていたが、これは法律上の暦の八年が二九二二日からなる八太陰年にちょうど一致したということだ。[5] 前述したヴァチカン図書館の椅子の上の暦では、前もって一一二年間分がこの方針で計算されていた。残念なことに、八年分に当たる九九の実際の月期（8×12＋3）は二九二二日ではなく、二九二三と二分の一日をわずかに越えた値であるため、この周期表は不正確であることがやがて判明する。その表は古代ローマの著述家によってあらたに日を加える改訂がなされた後、二四三年から使われることになったのだが、その改訂も同じ不備のある原則に基づいていた。

正確さで上回るのが八四年周期表で、それは週と連動しているために、各周期がその前の周期と同じ曜日ではじまった。一つの周期が進む中で三一の閏月があり、エパクト（すなわち太陽暦一月一日の月齢）が一九を過ぎたときはいつでも閏月が入れられた。閏日は太陰暦上の別の日としては数えられず、また太陽暦周期と太陰暦周期とを合わせるために太陰暦上の日付が六つ、省かれた。この省略は「サルトゥス・ルーナエ（*saltus lunae*）」、すなわち「月の跳躍」とよばれたものだ。そうよばれた理由はエパクトの数を言うとき、省略によって、二〇から二二へのように途中の数を飛ばしたからである。月の跳躍は三世紀、アフリカにいたアウグスタリスによって描かれたとおぼしき表に載っているように一四年ごとに行われるか、あるいは四世紀のスップターティオー・ローマーナ（*Supputatio Romana*）とよばれる表のように、七二年目までは一二年ごとに行われたりした。この八四年周期表は、年によって復活祭の正式な日取りを二つ出したかと思えば、別の年にはまったく算出しないような粗雑なものであった。

アレクサンドリアの解決法

アレクサンドリアでは古い八年周期が使われず、代わって七つの閏月調整を含む一九年周期のメトン周期が使われた。どのように発展したのかはわからないが、遅くとも三二三年までにコンピトゥス（復活祭の日の計算法）はその最終形に至る（付録B参照）。その計算法はユダヤ暦に似たものを基にしていて、ルーナ一四は、春分の日であるファメノト月の二五日（三月二一日）からファルムーティ月の二三日（四月一八日）の範囲に収まった。その日に祝うことは禁じられていたが、翌日には問題がなかったため、復活祭の可能な限り早い日付はファメノト月の二六日（三月二二日）、最も遅い日付はファルムーティ月の三〇日（四月二五日）だった。

八四年周期表とは対照的に、アレクサンドリアの周期は毎年、合法的な復活祭日を一つ、しかもたった一つ算出した。しかし、この周期は週と連動してなかったので、ルーナ一四の日付が決まると毎回、次の日曜日を見つける必要が生じた。これはある変数を計算することでなされ、その変数は「神々の曜日」として知られていた。この名前が異教的、占星術的であるがゆえに、アレクサンドリアの教会はそれを変える必要はないと思った。復活祭の日付は大まかにいって九五年の間隔で反復するが、完全に反復するのは五三二年を経てやっとのことである。[6]

アレクサンドリアでは、毎年、君主が回覧用の書簡を出して復活祭の日を知らせ、教会の業務に関して時代が要請するかもしれぬことについて意見を述べるというのが習慣だった。四世紀半ばまでに君主たちは、次のように主張した。「キリスト教徒全体に対して復活祭をいつにするかについての決定権は、厄介な異端問題を協議すべく三二五年に召集されたニカイアの会議で私の手の中にあることになった」と。これは事実ではなかったが、会議の直後、ローマ皇帝コンスタンティヌスは、キリスト教信者は「ユダヤ人と一緒に祝う」ことはならぬ、つまり過越しの祭の日付に支配されてはならぬという命令を出した。知的な面で進んでいたアレクサンドリアの人々はそんな命令には関係なく、ますます信用されていく。三六〇年までにミラノの教会は、ローマにではなくアレクサンドリアに依拠して復活祭の日を決めるようになったし、五世紀前半にはローマでさえ、四月二一日を過ぎない限りでは、概してアレクサンドリアの定める日付に従っていた。

コンスタンティノープルでは六世紀半ばまでに、本物とわずかばかり異なるメトン周期を使い、サルトゥス・ルーナエの位置を調整し、あらゆる場合においてアレクサンドリアと同じ復活祭の日付を算出するようにした。アルメニアの教会とシリア語を話す二つの大きな教会は、この改革の一部しか受け入れなかった。そのため、五三二年間で四回、四月一三日（ユリウス暦）が復活祭の日となる。コンスタンティノープルでは四月六日だった。ずれた最初の年は五七〇年で、いちばん最近では一八二四年のことだ。次のずれは二〇七一年に起こる予定である。エルサレムにあるギリシャ社会とアルメニア社会の間では、このずれをめぐり、これまでも時々、対立が起こってきた。

ウィクトーリウスとディオニュシウス

太陽暦の四月二一日を過ぎてはならぬというローマにおける復活祭日の制約は、四四四年に破られてしまう。教皇レオ一世が二三日にするように説得されたのだ。また四五五年には不本意きわまりなかったらしいのだが、二四日にしている。その結果、ラテン語社会で一流の数学者であったアキテーヌのウィクトーリウスが、教皇用の新しい復活祭日の表をつくるように依頼された。彼のつくった表は五三二年以上にわたっており、アレクサンドリアの原則に従い、ローマの八四年周期や太陽暦上の制約を完全に無視したものだった。それでも彼は周期の一九年目ではなく、六年目にサルトゥス・ルーナエを設けることで、ルーナ一四が三月二〇日と四月一七日の間に来るように、そしてルーナ一四が土曜日に当たるときには「ラテン用」日付と「ギリシャ用」日付の両方を出し、四月二五日に復活祭を祝わないようにした。〈7〉

その結果は混乱を招くことになる。四八二年、彼はルーナ一五に四月一八日というラテン用日付を用意し、ルーナ二二に四月二四日（この日は土曜日である！）というギリシャ用日付を用意した。太陰暦上のどちらの日も、それぞれの教会にとって祝祭を行うことが不可能な日付である。後にこの表は、あらゆる方面から酷評を招くことになるのだが、それにもかかわらず、この新しい表がラテン語圏内で幅広く用いられた理由は、表が常時、あらゆる年に対して復活祭の日付を用意することができ、それまで使いなじんできた一月一日のエパクトならびに曜日への言及を残していたからである。

しかしローマでは、どうやら少し不満が残ったようだ。というのもウィクトーリウスは、アレクサンドリアやコンスタンティノープルとの協調も得られないまま、ローマの伝統を放棄してしまったからである。ローマとコンスタンティノープルが対立した五〇一年には、教皇シンマクスが八四年周期表に従って三月二五日に復活祭をし、四月二二日というアレクサンドリアおよびウィクトーリウスが出した日付には行わなかった。

五二五年に対立が収まると、今度は僧侶のディオニュシウス・エクシグウスが新しい表をつくるように要請された。しかし彼は五三二年から六二六年までの次の九五年間、アレクサンドリアの表をただ使い続けることで、ローマの伝統から最後の離反を行った。

ディオニュシウスの表（資料12）は五つの一九年周期を提示していて、それぞれの年に対して最大八つの項目からなる情報が書かれていた。その項目とは、西暦年、皇帝布告周期（第6章参照）、エパクト、コンカラント・デイズ、メトン周期、ルーナ一四の日付、復活祭の日付、復活祭の太陰暦上での日付である。このうち最後の三つについては、解説の必要もない。メトン周期はコンスタンティノープルのものであり（アレクサンドリアのものから三年遅れている）、比較のためだけに添えられている。エパクトはアレクサンドリアのもので、コンカラント・デイズは「神々の曜日」に対応する。しかし、この二つの言葉には説明がない。それゆえ

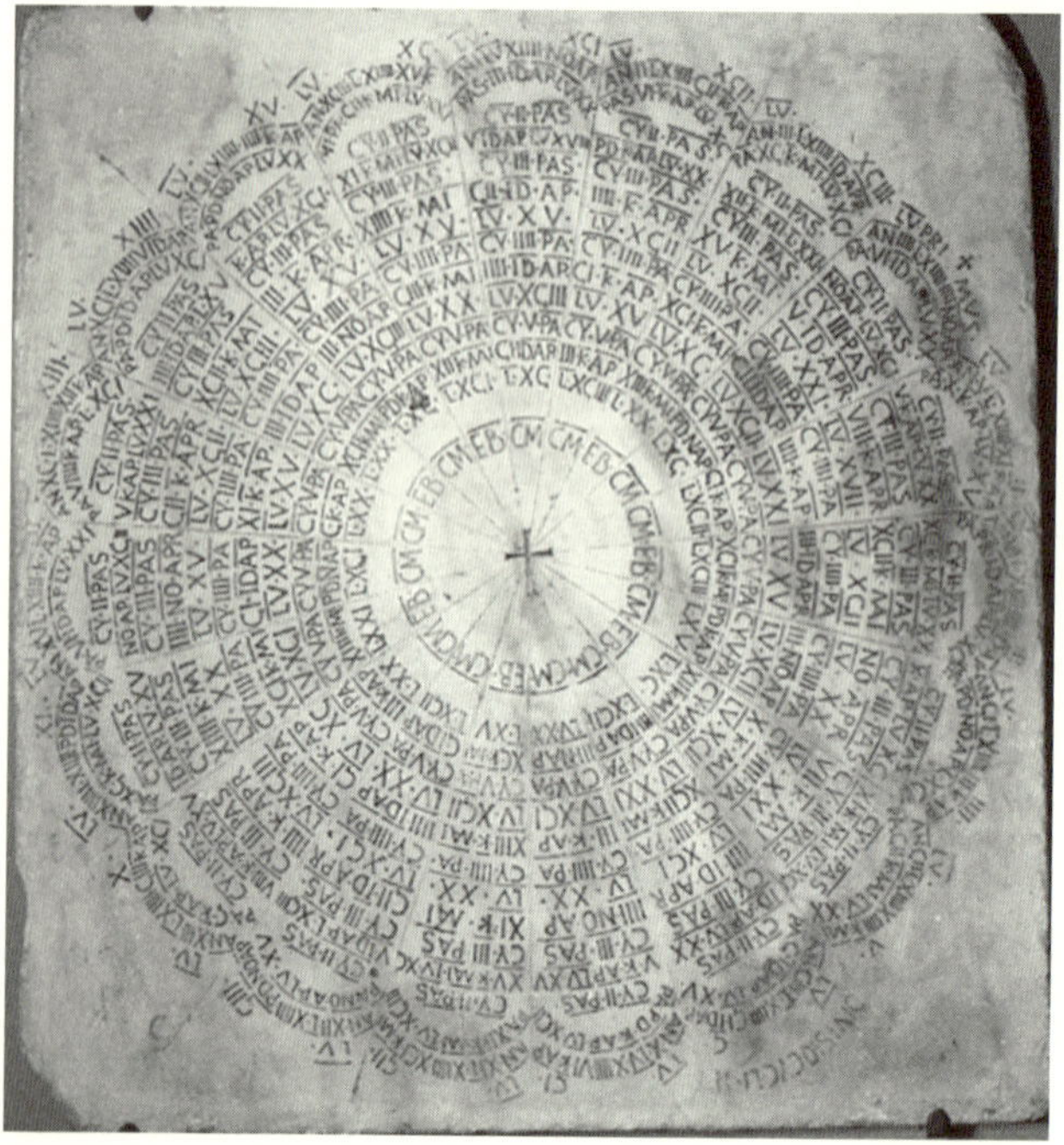

資料 12　ディオニュシウスの復活祭日の表のモザイク画〈8〉，6 世紀
ラヴェンナ，大司教博物館／ラヴェンナ宗教事業協会

後の人々はそれらを使うのに際し、自分でその意味を考え出さなくてはならなかった。実際、ディオニュシウス自身、これらの言葉が何を指しているかを知っていたかどうか定かではない。彼は毎年の値をすぐに類推できたのだろう。そして実用性を重んじる人間として、彼はそれ以上のことをきっと考えなかったのだろう。彼のもう一つの主な業績は教会

法の編纂であり、その仕事は洞察よりもむしろ知識や勤勉さを要請するものであった。そのことから予想されるといってもよいかもしれないが、彼の表は正確だが説明は欠陥を含んでいた。

要請を受けてつくったにもかかわらず、ディオニュシウスの表はウィクトーリウスの表を追い出すのに、ローマでは一世紀以上、そのほかの場所ではさらにずっと長くかかった。ウィクトーリウスの表は永続するものであって、伝統的な様式に従い、人々が理解できるもののように見えた（欠陥が見えてくるのは、じっくりと調べたときであった）。ディオニュシウスの表のほうは九五年後には再計算が必要となるし、一月一日のことを無視していて理解も難しかった。七世紀のセビリャのイシドールの時代までには、経験的に一月一日の月齢（エパクト）は三月二二日の月齢のことであることがわかっていたし、八世紀前半には尊敬すべきベーダとよばれる人物が、アイルランドで復活祭日の計算を行っていた人々がすでに知っていたこと、すなわちコンカラント・デイズ（英語で通例「コンカラント」という）は三月二四日の曜日に対応するということを述べていた。その後もずっと西方教会における書き物では、こうした類の説明がよく見られ、それはアレクサンドリアに由来するものだと思われることがとても多い。

イギリス諸島の復活祭

イギリス諸島ではまったく違った方法で復活祭の日が計算されていた。その方法はでたらめにつくったラテン語のラテルクス（Latercus）という名前で知られる。これは四世紀半ばのスルピキウス・セウェルスのものとされ、八四年周期に基づき、サルトゥス・ルーナエを一四年間隔で設けていた。太陽暦上の復活祭の制約は、最も早い復活祭で三月二六日、最も遅い場合で四月二三日と定められていた。太陰暦上の制約はルーナ一四からルーナ二〇までで、ルーナ一四が日曜日に当たる場合はその日が復活祭となる。この地域以外のキリスト教社会にこれが知れわたると、たちまち騒ぎとなった。

太陽暦上許されるいちばん早い復活祭の日は、古代ローマにおける春分の日の翌日であった。それ以外の日にちの制約はアウグスタリスの描いた表から取られた。この太陰暦が珍しかったのは、三〇日ある月と二九日ある月とを交互に並べるというやり方をなくしたことである。すなわち一月で三〇日ある月が終わると、その後には二九日ある月が三つ続いた。残りの各太陰月は、その太陰月が終わる日が対応する太陽月よりも日数が一日少なかった。注意を払って最初のエパクトを選んでいるために、ラテルクスという方法を用いると、アレクサンドリアのコンピトュスと同様、またアウグスタリスや八四年周期表と違って、復活祭の日が毎年たった一つ決まった。

六世紀の末、アイルランド、ダウン郡のバンガー出身の聖コルマン、すなわち聖コロンバヌスがアイルランドを去りガリアに渡ると、彼の持ち込んだラテルクスは、ガリアの地元教会の怒りを買った。教会はウィクトーリウスをもっぱら用いていたのだ。教皇グレゴリウス一世へ送った書簡で、コロンバヌスは次のことを宣言し自らのやり方を弁護した。まず、郷里の者たちの中で学識のある者は、怒りからよりもむしろ憐みからウィクトーリウスの表を受け入れなくなったこと（これはディオニュシウスやベーダよりも慈悲深い判断だといえる）。それからルーナ二二はいうまでもなく、ルーナ二一に祝うことも不適切であること。何しろ闇に対する光の勝利を祝う祝祭で、月は真夜中過ぎに昇ってくるべきではないからだ。そしてユダヤ人と同じ日に祝うことに問題がないのは、過越しの祭りがユダヤ人のものではなく、神のものだから（『出エジプト記』一二章一一節）ということである。

一方、教皇が英国へ使者を派遣したことで、ローマのやり方が英国南部に伝わり、その件やまたほかの件をめぐってブリテン人たちとの間で衝突が起こった。たとえば七世紀のアイルランドでは、ウィクトーリウスとディオニュシウスの両方の表が少しずつ定着しはじめた。とりわけ南部においてそうである。ところが、コルム・キル（聖コルンバ）が設立したアイオナ修道院とその関連施設はラテルクスにこだわり、宣教師たちはラテルクスをそこからノーサンブリアへ伝えた。

この二つのやり方の違いのため、ノーサンブリアの法廷は困難に陥った。その国ではアイルランドで教育を受けたオズウィ王（*Oswy*）が、ローマの伝統で育ったケントの王女アーンフラード（*Eanflæd*）と結婚していた。ベーダの報告によれば、王が復活祭を祝っているとき、王女はまだ聖枝祭を祝っていたという。ラテルクスの詳細が知られるまでは、これは王がルーナ一四に復活祭を祝っていることが原因の一時的なものだと思われていた。しかし実際には、二人が結婚してから問題の解決に至るまでの半分以上の年数において、このずれが生じている。その理由も、王がルーナ一四に祝っているからというものでは決してなかった。ずれは大方、二人がそれぞれ用いる太陰暦の違いによるもので、時に太陽暦上の日にちの制約の差による場合もあった。二人にとって、日曜日にせよ平日にせよ、同じ日がルーナ一四だったことは一年もなかったのである（枠囲み参照）。

六六四年には、復活祭の日の計算と聖職者の剃髪との両方において、ケルトの伝統とローマの伝統のいずれに従うべきかを決めるべく、ホイットビーで教会会議が招集される（ローマ人たちは頭のてっぺんを剃るのに対して、ケルトの人は額から耳まで全部を剃っていたのだ）。

オズウィ王の島の復活祭とアーンフラード女王のローマ式復活祭

M＝3月, A＝4月

年	島の復活祭	太陰暦上の日付	ローマ式復活祭	太陰暦上の日付		年	島の復活祭	太陰暦上の日付	ローマ式復活祭	太陰暦上の日付	
				ウィクトーリウス式	ディオニュシウス式					ウィクトーリウス式	ディオニュシウス式
643	6A	XV	13A	XIX	XVIII	653	14A	XIV	21A	XVIII	XVII
644	28M	XVII	4A	XXI	XX	654	6A	XVII	13A	XXI	XX
645	17A	XVIII	17A	XV		655	29M	XX	29M	XVII	XVI
				「ラテン用」日付							
			(24A	XXII		656	17A	XX	17A	XVII	XVI
				「ギリシャ用」日付)							
			24A		XXI	657	2A	XVI	9A	XX	XIX
646	2A	XIV	9A	XVIII	XVIII	658	22A	XVIII	25M	XVI	XV
647	22A	XVI	1A	XXI	XXI	659	14A	XX	14A	XVII	XVI
648	13A	XVIII	20A	XXI	XXI	660	29M	XV	5A	XIX	XVIII
649	29M	XIV	5A	XVII	XVII	661	18A	XVII	28M	XXII	XXI
650	18A	XVI	28M	XX	XX	662	10A	XX	10A	XVI	XV
651	10A	XVII	17A	XXI	XXI	663	26M	XVI	2A	XIX	XVIII
652	1A	XX	1A	XVII	XVI	664	14A	XVI	21A	XIX	XVII

ケルトの大義がリンディスファーンのコールマン主教によって主張され、ローマの大義が聖ウィルフリッド、すなわち後のヨーク主教によって主張された。聖ウィルフリッドはこの話し合いを牛耳って憐れなコールマンをいじめ、聖コルンバを侮辱しつつ事実を歪曲して話し、聖ペテロのやり方について根拠のない主張をすることで議論に勝利した。オズウィ王はローマを選択し、その根拠として天国の鍵を持っているのは聖ペテロであって、聖コルンバではないと述べた。しだいに残りのイギリス諸島もローマと歩調を合わせるようになり、最後に従ったのはウェールズ人たちであった。

この争いは一九年周期（ウィクトーリウスかディオニュシウス）とケルトの八四年周期をめぐるものだと記されているが、計算方法は重要ではなかった。暦上の日付の制約の違いが宗教の教義問題を浮き彫りにしたのである。一九年周期の二つの考え方の対立は、技術的なものにとどまった。決め手となったのは、ベーダが『デー・テンポルム・ラチオーネ』（*De temporum ratione*）という七二五年の論文の中で行った主張である。その論文は自分の復活祭日計算の原則を九五年ごとに再計算する必要がない五三二年周期の復活祭表を使い完全に説明することで、ディオニュシウスができなかったことを彼に代わって示したものである（ウィクトーリウスが自らの考えを示すためにすでに行っていたことも示していた）（資料13）。ベーダの表は一

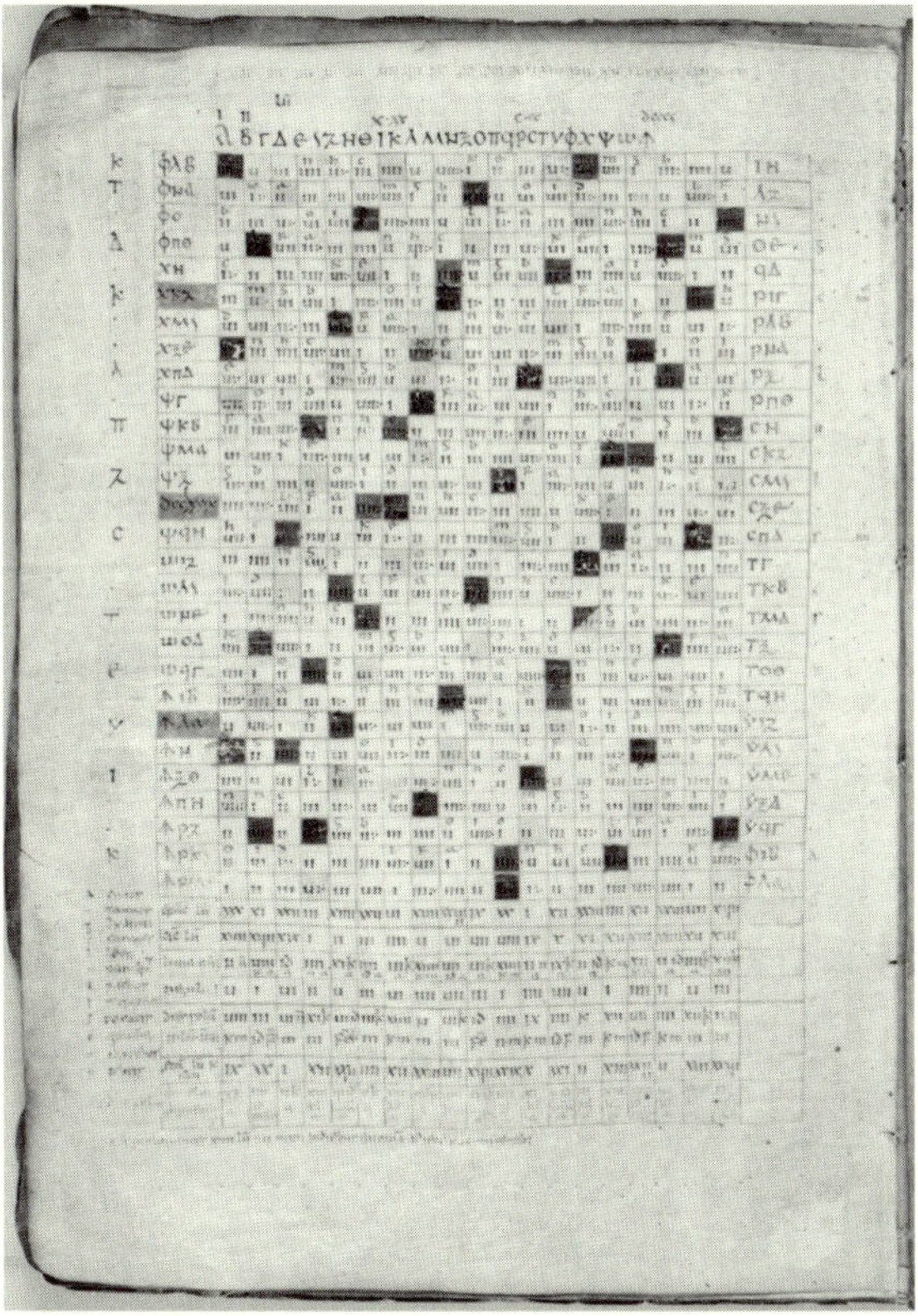

資料 13　9 世紀，ベーダの永遠なる復活祭日表の写し．表の横列はそれぞれ 19 年周期と関係する．19 年周期はギリシャ語の数詞で左側に示された西暦年で始まっている（西暦 532 年から 1045 年まで）．正方形にはコンカラントや閏年が記され，月齢表への言及がなされている．濃くなっている正方形は，538 年以降の皇帝布告周期で 1 年目と 8 年目の年であることを示し，また 532 年から数えて，28 年目の年であることを表す．右側の縦列は，各横列が対応する復活祭周期の 1 つ前の周期の最終年（対象は 18 年から 531 年まで）を示している．周囲の横列・縦列はその他の種々雑多な情報を示している．

世紀を経ずに西洋の至るところ、ウィクトーリウスが根強く残るガリアでも使用されるようになった。

太陰暦

アレクサンドリアにおける復活祭日の計算はほかの地域と同様に太陰暦に基づいていたが、アレクサンドリアの人々は毎日の太陰月上の日付をとくに知りたいとは思わなかった。対照的に西方教会では、そのような知識はとても重要だと思われ、修道院ではその日が太陰月の何日に当たるかをその日の殉職者とともに夜明けに告げていた。日にちがわかれば、今度は新月を再計算する必要が生じたが、そのためにアレクサンドリアの日付をユリウス暦に換算するだけでは十分ではなかった。というのもアレクサンドリアと西方、それぞれの慣例では、ともに太陰暦でいう奇数月は三〇日、偶数月は二九日とすることに決まっていたが、奇数月と偶数月の現れ方が異なっていたのだ。

アレクサンドリアの慣例では三〇日ある太陰月は奇数ナンバーの太陽月にはじまったが、西方教会の慣例では太陰月のナンバーが奇数であるか偶数であるかは、その太陰月の最終日が対応する太陽月のナンバーで決定されたため、三〇日ある太陰月の初日は通常、太陽暦でいうところの偶数月に位置し、最後の日は奇数月に来るようになっていた。

七世紀、コンピトゥスの一流の専門家たちはアイルランド人だった（ベーダ本人は決して語らないが、彼は彼らが書き記したものから多くを学んだ）。したがって、アイルランドの著者による、ディオニュシウスの原則に基づいて一年の完全な太陰暦を詳しく記した『デー・ラチオーネ・コンプタンディー』という題名の論文が存在するのは驚くべきことではない。この論文の大半は三〇〇年後、聖ドゥンスタンが所有する本に写されることになるのだが、コンピトゥスの決定版になったのは、それとはかなり異なるベーダの方式のほうだった。ベーダは閏月を丹念に配置すれば、毎月のエパクトの規則的な連続性[9]が乱されるのはわずか三年だけであること、またその三年においてのみ、太陰月の中に、（例外的に）そのはじまりの日が対応する太陽月にちなんで名づけられるものがあることを証明した。[10]

その後、ラバヌス・マウルス（西暦七八〇年～八五六年）やフルーリ大修道院のアッボ（西暦九四五年～一〇〇四年）のような博学で独創的な人々が、同じ結果を計算で出す新たな方法をそろって生み出すのだが、その際に彼らが参照したのはベーダであった。

ベーダの時代には、その日の陰暦における日にちは「ルーナー・レギュラー[11]」として知られる媒介変数をその年のエパクト（枠囲み参照）に加え、月初めの日の月齢を知ることでわかった。たとえば、エパクトが一一の場合、三月一日の月齢は11＋9＝20、四月一日の月齢は11＋10＝21となる。しかしこの値も一二世紀からはいわゆる黄金数によって直接に求められることになる。黄金数とは、一九年周期の各年、新月になる日付に対して暦の上に書かれていたもので、ある年の新月を探すにはその年が対応する一九年周期上の年を見ればよいことになる。同様に、「ソーラー・レギュラー」の助けを借りて「コンカラント」から曜日を見つけるベーダの方法（たとえば、「コンカラント」が二であれば、三月一日の曜日は2＋5＝7となり、四月一日の場合は2＋1＝3となる）は、中世後期には主日文字（第5章参照）に取って代わられる。

エパクト、黄金数、コンカレント

ユリウス暦においてエパクトを求めるには西暦年を一九で割りなさい。もし割った余りが〇であれば、それがエパクトである。〇でなければ、その余りに一一をかけて三〇で割って出た新しい余りがエパクトの値である。

黄金の（重要な）数（プライム〈ルーナ・プリーマ *luna prima* に由来〉数ともよばれる）を求め

るには、一をその年に加え一九で割ったその余りを用いる。この余りが〇の場合は黄金数を一九とする。

「コンカラント」（ユリウス暦だけで使用）を求めるには、西暦年にその西暦年の四分の一の値（少数は無視）と媒介変数四を加え七で割り、その余りを用いる。余りがなければ「コンカラント」は七となり、三月二四日は土曜日になる。〈12〉

改革の必要性

ベーダがどれだけ首尾よく仕事を行ったのだとしても、彼とて太陽暦、太陰暦のもつ基本的な欠陥、すなわちどちらの暦も十分に正確ではないという点を直せなかった。一三世紀までに、太陽暦は改革の提言ができるぐらいまで太陽から遅れていた。こうなるともはや、カエサルやアウグストゥスの知的後継者の仕事ではない。

一五三八年、（復活祭の日を出す周期表上において）黄金数は一九〈13〉で、それはルーナ一四が四月一七日であることを示していた。この日が水曜日だったので、復活祭は二一日になった。マルティン・ルターは「春の最初の満月の後の第一日曜日にという規則によれば、復活祭は三月一七日であったはずだ」と自らの見解を述べた。その日はもちろん、教会が定めた二一日という春分の日に先んじる日付である。もし新スタイルがすでに施行されていて、さらなる改革がなされていなかったのならば、その日（三月一七日）は三月二七日だったはずだ。しかし、その日が復活祭になることはなかったろう。その理由は、復活祭表の黄金数が四月一七日を依然としてルーナ一四と表示したであろうからだ。この日は新たなグレゴリオ暦では土曜日に当たり、復活祭は四月一八日になる。一八日は旧スタイルの八日に対応し、満月よりも新月に近くなったはずだ。

さらに、エパクトの値を計算し直すこと、たとえば黄金数一九の年のエパクトを一八から一一に減らしルーナ一四を三月二五日にして、[14] 一五三八年の復活祭が二七日になるようにしても、それは当座の解決にすぎなかったであろう。というのは太陰暦もまた間違っていたからだ（これは英国ヒアフォードのロジャーが一二世紀に述べていたことだ）。メトン周期四回分の七六年間で、太陰暦は閏日を入れて二七七五九日を数えるが、これに対応する九四〇（235 ×4）の朔望月は二七七五八・七五四六日（平均値）であり、月がこの間に約五時間五三分二三秒進むことになる。このずれは三一〇年ごとに一日になり、エパクトの値がふたたびおかしなことになる。周期表に関してより根本的な改革が必要とされたわけだが、その改革を行ったのがグレゴリウス一三世なる人物であった。

グレゴリオ暦

教皇グレゴリウスの改革には三つの目的があった。一つは春分の日付三月二一日を復活させること。これはニカイアで命じられたと広く、しかし間違って知られていた日である。そして将来的にこの春分の日を維持すること。それから復活祭日を知るための暦をできる限り、自然の月と一致させることである。最初の二つは第2章で論じた新スタイルの暦で達成された。三番目の目的である太陰暦の改革は、アレクサンドリアの簡単な一九年周期を各年のエパクトに基づく非常に複雑なシステムで置き換えることでなされた（資料14）。なお当時、各年のエパクトは前年の一二月三一日の月齢を使うようになっていた。

エパクトの調整について次のようなことがあった。〇〇年で終わる平年ごとにエパクトを一つ減らし、三〇〇年ごとに一つ増やす。ただし八回目の三〇〇年がやってきたときは、エパクトの増加一つ分を一〇〇年、遅れて加える。減らす規則と増やす規則が同じ年に適用されると、増減はないことになる。こうした調整を施しても、太陰暦と実際の月の満ち欠けとの間のずれは、わずかながら過剰に修正されてしまう。特筆すべきは、特定の日の太陰暦上での日付

506 **CALEND. GREG.**

TABVLA FESTORVM

Anni Domini	Aur. Num.	Epactæ	Calen. Greg.	Lit. Dñicales	Plenilunia. media Cal Gregor. D. H.	Lunæ xiiij. Calendarij Gregoriani	Septuageſima	Dies Cinerum	Paſcha Calend. noui	Aſcẽſio Domini
3664	17	xix	f	e	25. 2. M	25. M	27 Ian.	13. Feb.	30. M	8. Maij
3665	18	✳		d	13. 0. A	13. A	15. Feb.	4. Mar.	19. A	28. Maij
3666	19	xj		c	2. 8. A	2. A	31. Ian.	17. Feb.	4. A	13. Maij
3667	1	xxiij		b	22. 17. M	21 M	23. Ian.	9. Feb.	27. M	5. Maij
3668	2	iiij	A	g	9. 15. A	9. A	12. Feb	29. Feb.	15. A	24. Maij
3669	3	xv		f	29. 23. M	29. M	27. Ian.	13. Feb.	31. M	9. Maij
3670	4	xxvj		e	17. 21. A	17. A	16. Feb.	5. Mar.	20. A	29. Maij
3671	5	vij		d	7. 6. A	7. A	8. Feb.	25. Feb.	12. A	21. Maij
3672	6	xviij	c	b	26. 15. M	26 M	24. Ian.	10. Feb.	27. M	5. Maij
3673	7	xxix		A	14. 12. A	14 A	12. Feb.	1 Mar.	16. A	25. Maiſ
3674	8	x		g	3. 21. A	3. A	4. Feb.	21. Feb.	8. A	17. Maij
3675	9	xxj		f	24. 6. M	23. M	20. Feb.	6. Feb.	24. M	2 Maij
3676	10	ij	e	d	11. 3. A	11 A	9. Feb.	26. Feb.	12. A	21. Maij
3677	11	xiij		c	31. 12. M	31. M	31. Ian.	17. Feb.	4. A	13. Maij
3678	12	xxiiij		b	19. 10. A	18. A	20. Feb.	9 Mar.	24. M	2. Iunij
3679	13	v		A	8. 19. A	8. A	5. Feb.	22. Feb.	9. A	18. Maij
3680	14	xvj	g	f	28. 3. M	28. M	28. Ian.	14. Feb.	31. M	9. Maij
3681	15	xxvij		e	16. 1. A	16. A	16. Feb.	5. Mar.	20. A	29. Maij
3682	16	viij		d	5. 10. A	5. A	8. Feb.	25. Feb.	12. A	21. Maij
3683	17	xix		c	25. 19. M	25 M	24. Ian.	10. Feb.	28. M	6. Maij
3684	18	✳	b	A	12. 16. A	13 A	13. Feb.	1. Mar.	16. A	25. Maij
3685	19	xj		g	2. 1. A	2 A	4. Feb.	21. Feb.	8. A	17. Maij
3686	1	xxiij		f	22. 10. M	21 M	20. Ian.	6. Feb.	24. M	2. Maij
3687	2	iiij		e	10. 7. A	9. A	10. Feb.	27. Feb.	13. A	22. Maij
3688	3	xv	d	c	29. 16. M	29. M	1 Feb	18. Feb.	4. A	13. Maij
3689	4	xxvj		b	17. 14. A	17 A	20. Feb.	9. Mar.	24. A	2. Iunij
3690	5	vij		A	6. 22. A	6 A	5. Feb.	22. Feb.	9. A	18. Maij
3691	6	xviij		g	27. 7. A	26. M	28. Ian.	14. Feb.	1. A	10. Maij
3692	7	xxix	f	e	14. 5. A	14. A	17. Feb.	5. Mar.	20. A	29. Maij
3693	8	x		d	3. 14. A	3 A	1. Feb.	18. Feb.	5. A	14. Maij
3694	9	xxj		c	23. 22. M	23 M	24. Ian.	10. Feb.	28. M	6. Maij
3695	10	ij		b	11. 20. A	11. A	13. Feb.	2. Mar.	17. A	26. Maij
3696	11	xiij	A	g	31. 5. M	31. M	29. Ian.	15. Feb.	1. A	10. Maij
3697	12	xxiiij		f	19. 2. A	18. A	17. Feb.	6. Mar.	21. A	30. Maij
3698	13	v		e	8. 11. A	8 A	9. Feb.	26. Feb.	13. A	22. Maij
3699	14	xvj		d	28. 20. M	28. M	25. Ian.	11. Feb.	29. M	7. Maij
3700	15	xxvj		c	17. 17. A	17. A	14. Feb.	3 Mar.	18. A	27. Maij
3701	16	vij		b	6. 2. A	6. A	6. Feb.	23. Feb.	10. A	19 Maij
3702	17	xviij		A	26. 11. M	26 M	29. Ian.	15. Feb.	2. A	11. Maij
3703	18	xxix		g	14. 9. A	14 A	11. Feb.	28. Feb.	15. A	24. Maij
3704	19	x	f	e	2. 17. A	3. A	3 Feb.	20. Feb.	6. A	15. Maij
3705	1	xxij		d	23. 2. M	22. M	25. Ian.	11. Feb.	29. M	7. Maij
3706	2	iij		c	11. 0. A	10. A	7. Feb.	24. Feb.	11. A	20. Maij
3707	3	xiiij		b	31. 9. M	30. M	30. Ian.	16. Feb.	3. A	12. Maij
3708	4	xxv	A	g	18. 6. A	18. A	19. Feb.	7. Mar.	22. A	31. Maij
3709	5	vj		f	7. 15. A	7 A	10. Feb.	27. Feb.	14. A	23. Maij
3710	6	xvij		e	28. 0. M	27. M	26. Ian.	12. Feb.	30. M	8. Maij
3711	7	xxviij		d	15. 21. A	15. A	15. Feb.	4 Mar.	19. A	28. Maij

Anni

資料 14　グレゴリオ暦の復活祭日表の一頁．クラヴィウス著『ローマーニ・カレンダリイ．．．エクスプリカティオ』（ローマ：1601 年）より　ロンドン，英国図書館（532.k.10, p. 506）

を探るのに用いたのはエパクトの値であり、ユリウス暦におけるような黄金数ではないという点だ（必要な表は『オックスフォード・年事典』八二五頁から八二八頁にある）。

改革に携わった人々は新月を計算したその経度を明確に記さなかった。そうしなかったのは、彼らがしばしば故意に新月を一日か二日分、遅れるかたちで定め、過越しの祭りとの一致を避けたからである。一日か二日分遅れた設定による満月の日は、ユダヤの慣例ではニサンの一四日ではなく一五日を、ディアスポラ〈15〉では一六日を意味した。その結果、多くのキリスト教徒たちが、自分たちはこうした日に復活祭を祝うことは禁じられていると想像した〈16〉（もっともルターは一五三八年三月一六日から一七日にかけての過越しの祭りを自分の主張の裏づけの印としていた）。

ニサンの一五日は少なくとも当時のユダヤ暦によれば、七八三年以降、ユリウス暦の復活祭と重なったことがない。ニサンの一六日に至っては一三一五年以降、ユリウス暦の復活祭と重なったことがない。それに対してグレゴリオ暦の復活祭は、一日か二日遅らせたエパクトにもかかわらず、一六〇九年にニサンの一五日と重なり、一六世紀末までに六回、ニサンの一六日と重なった〈17〉。プロテスタントたちが、これに抗議しないはずはなかった。

天文学上の復活祭

一六九九年、ドイツにいたルター派の人々は一七〇〇年の二月一八日から三月一日へと一息に飛び越えることで、新スタイルを受け入れる投票をした。しかし、グレゴリオ暦での復活祭日を受け入れようとはしなかった。代わりに彼らは、復活祭の日は真の春分の日と真の満月によって定められるべきだと決めた。彼らは真の春分の日と真の満月を示してくれるのは、デンマークのウラニブルグにあるティコ・ブラーエ天文台を通る子午線を基準としてつくったこの世で最良の表（天文学を用いた表）だというのだ（ジョン・ディーは一五八二年にすでに、天文学を用いた復活祭日決定のための表がロンドンの子午線に合わせて描かれるべきことを提案していた）。その改革はデンマークとプロテスタントが住むスイスのほとんどの州で受け入れられたのをはじめ、まだグレゴリオ暦を採用していなかったオランダの諸州で「改良ユリウス暦」の名の下に受け入れられた。

グレゴリオ暦とのずれが起こるのはたいてい、真の満月が土曜日に当たりながら、グレゴリオ暦の表では満月が翌日の日曜日に当たり復活祭の一週間延期が求められるときであった。満月と土曜日との重なりはちょうど一七〇〇年に生じている。そのときはグレゴリオ暦による復活祭の日付が優先されたが、次のずれが生じた一七二四年にはどちらをとるか議論になった。

教皇の表ではルーナ一四が四月九日、日曜日に当たり、復活祭は一六日に行わねばならなかった。けれどもこのときも真の満月はその前日の土曜日（八日）であった。天文学上の計算に従えば、復活祭はローマ・カトリックの国々よりも一週間早い九日ということになる。

しかし天文学から出した日には、一見もっともらしいがゆえに余計に大きく感じられる困難な問題があった。すなわち、四月九日が過越しの祭りの二日目と一致していた点である。そのため、禁止事項と思われた事柄[18]が再び吟味されることになった。その結果、ドイツとスイスのプロテスタントたちは天文学に基づいた日付に従ったが、デンマークはそうしなかった（オランダのプロテスタントたちは、この件やほかの件においてもグレゴリオ暦に従った）。それゆえ、一七二四年バッハの『ヨハネ受難曲』の初演がライプツィヒで行われたのは、天文学に従った日付である四月七日の聖金曜日（復活祭の前の金曜日）であったが、その日はグレゴリオ暦の聖金曜日の一週間前、また旧スタイルでもあいにく四月三日の聖金曜日の一週間前だった。

スウェーデンでは、新スタイルを簡単に取り入れようとする試みが失敗し、改革から距離をおいていた。一七四〇年に天文学を用いた計算法が導入され、旧スタイルの日付法は一七五三年まで残った。したがって一七四二年、プロテスタントの復活祭およびローマ・カトリックの復活祭がともに新スタイルの三月二五日になった折、スウェーデンでその日は一四日とよばれたのである。二年後、新たなずれが天文学上の復活祭日とグレゴリオ暦の復活祭日との間に生じ、今度はドイツ、スイスのプロテスタントだけでなく、デンマークのプロテスタントも天文学上の日付である三月二九日に従った。スウェーデンでも同じ日付に従ったが、その日は一八日とよばれた。

一七七八年、次のずれが生じる前、ドイツのプロテスタントたち、続いてスイス人やデーン人のプロテスタントたちはフレデリック大王の命令に従い、天文学を利用する計算法を捨てた。大王はポーランドの最初の分割（一七七二年）を通じて、ローマ・カトリック教徒の臣下を多く獲得していた。大王の計算法放棄に関する不誠実な説明、すなわち過越しの祭りと一致してしまうという説明を聞いて、多くのスウェーデン人が一七七八年と一七九八年、天文学上の日付に従うことを渋った。もっとも彼らも一八二三年に天文学上の日付を放棄する前、一九世紀の初期に三度、天文学上の日付に従った。一八〇九年までスウェーデン領であり、その後ロシアに譲渡されたフィンランドでは、さらに三回、天文学上の日付に従うことがあった。最後の回は一八四五年だった。

こうした中で一七九八年のケースは、天文学に基づく復活祭の日取りに固有の問題を浮き彫りにした。たとえばデンマーク、ウラニブルグでは三月三一日土曜日、ちょうど真夜中になる前に満月になったのに対し、そのときスウェーデンのほとんどの場所では、すでに四月一日の日曜日になっていた。したがって、四月一日の復活祭をスウェーデンでは満月の日に祝うことになり、大きな不都合が生じた。この問題は子午線をどこに取ろうとも、天文学に基づく計算方法において時々生ずる問題である。

英国の場合

英国は新スタイルを採用したとき、それが教皇の命令に従ったものではなく、議会の命令でなされたのだと政治上の点から主張する必要があった。それは英国国教会がグレゴリオ暦の復活祭表を受け入れたぞと屈辱的にも言われないようにするためである。一方、天文学に依拠したルター派の復活祭日（ハノーヴァー朝ジョージ二世の選挙人たちが使用）を用いるという選択肢には、高教会派の人々が異議を唱えたことだろう。それゆえ、教皇が出した結論に別の手段で到達することが必要となった。

その解決策は、世紀ごとに黄金数を異なる日付に改めて振った表（祈祷書で見られることになる）をつくることだった。この案はすでに教皇の下で改革に携わった人たちに翻案されながら拒否されてきたものである。拒否の理由は、一年のあらゆる日の月齢を示すために三〇もの表が必要になるからだった。そのような拒否の経緯があったがゆえ、その案はいっそう、英国国教会にとって魅力的に思えた。英国国教会は復活祭以外には、太陰暦にまったく興味がなかったからである。同じ理由から、以前はその年の新月の日に対して書かれていた黄金数が、今度は直接に復活祭の日、すなわち「教会用の満月[19]」に対して書かれるようになった。こうした事情から、英国国教会はつねに復活祭をローマ教会と同じ日に祝っているものの、エパクトについては一切、語っていないのだ[20]。

正教会

一九二三年の五月、いくつかの正教会が「修正ユリウス暦」に含まれる提案のうちでも、それに反対する者に最も気をつかわなくてはならない提案を承認した。その提案は、何世紀にも及ぶ「ニカイア」の（むしろ、アレクサンドリアのというべきか）復活祭にかかわる伝統にとっては困ったものであった。提案はエルサレムの子午線に基づいた天文学利用の計算を採用しようというものだったからだ。一九二三年からの数年間は、非ユリウス暦の復活祭日を守った教会もあったものの、やがてユリウス暦の伝統がふたたび頭をもたげてくる。ほとんどすべての正教会において、現在、復活祭は依然としてユリウス暦に従って行われている（フィンランドの少数派教会〈ロシアのコミュニティにおける少数派教会は異なる〉と西方教会の二、三の教区はグレゴリオ暦を完全に採用している）。

一九九七年には、二〇〇一年から天文学に基づいて復活祭を定めるという別の決定がなされた。二〇〇一年はユリウス暦の日とグレゴリオ暦の日が重なる年であった。しかし二〇〇二年のケースでは、ユリウス暦の日付が利用されている。両方の暦に新たな改革が追加されないとすると、六七〇〇年から六七九九年の間、正教会の復活祭は西方教会の聖霊降臨日と重なることになる。もっとも修正ユリウス暦における名目上の日付（用語解説参照）はその一日後であり、両者はずれる。

固定された復活祭

初期のキリスト教共同体の中には、三月二五日もしくは四月六日に復活祭が決められているところもあった。この二つの日はそれぞれ、カッパドキアの月であるテイレイクス（Teireix）の一四日、「アジア領」の月、アルテミシオン（Artemision）の一四日に当たった。最初の日付は受胎告知の祝祭日であるという利点があるばかりか、西方教会ではりつけがなされた日、また東方教会では復活したと伝統的に考えられている日に当たる。ルターは、復活祭はクリスマスのように固定されてあるべきだと述べた。しかし日曜以外の曜日に復活祭が行われるという考え方はいまもって関心を引かない。

一七二三年、スイス人の数学者ジャン・ベルヌーイは、翌年にプロテスタントたちがローマ・カトリックとは違う日に復活祭をやるということを見越して、復活祭を三月二一日の後の最初の日曜日に行うべきだと提案した。一八三四年にはイタリア人の司祭であり、哲学者、数学者でもあったマルコ・マストロフィーニが固定暦（第5章参照）の案を詳しく示した後、ベルヌーイよりも控えめに、もしこの案が受け入れられたならば復活祭は四月二日の日曜日に固定されるべきだと述べた。一九二六年、国際連盟は四月の第二土曜日の後の日曜日に復活祭を固定することを勧める。英国ではこの規定は、国会制定法に組み込まれ、全体の合意を得た後すぐに教会の間で実施されることとなった。しかし、そのような合意に現在に至るまで達したことはない。

（訳注1）　ユダヤ人たちがエジプトでまだ奴隷の身であったころ、モーセは彼らに「神の天使がエジプトにやってきて、あらゆる家の最初に生まれた子を殺す。ただし羊の血をドアに塗って死の天使が通り過ぎるようにしてある家は別だが。」と告げた。これが「過越し（Passover）」という語の由来である。
旧約聖書によると、エジプトの王は、ユダヤ人の神のもつ力をみたとき、「よろしい。この国を出てよろしい」と告げた。しかしユダヤ人たちが去った後、王はユダヤ人を殺すか、連れ戻すようにと自らの方針を変える。ユダヤ人たちが紅海に達したとき、神は彼らのために紅海の水を分け、彼らを安全に通れるようにするが、追ってきたエジプト軍に

対しては水の中に閉じ込めて殺してしまう。

（訳注2）　現代のトルコ、そして南はエジプト、東はパルティアに及ぶ地域。

（訳注3）　春にはじまるユダヤ太陰暦最初の月（ニサンの月）のこと。年によって、また暦によって、はじまりが異なった（三月から四月にわたった）ので、キリスト教徒たちが正確な開始日を計算し、自分たちの暦からわかるようにしたのである。

（訳注4）　ルーナ二二に延期されたということ。ルーナ一四というのは必ずしも天文学上の満月のことではなく、任意の暦において計算された太陰暦上の月の一四日目のことである。キリスト教徒たちはユダヤの月名を自分たちの太陰暦の月の名前には用いなかった。原則として、ルーナ一四とニサン月の一四日と天文学上の満月がすべて一致する年もあれば、いずれも異なる日に当たる、あるいは二つだけが同じ日で残り一つが違う年もある。ローマのキリスト教徒たちは、イエスはニサン月の一四日にはりつけにされ、またその日は金曜日だったため、復活は日曜日、ニサン月の一六日だったという前提から出発している。そのため、精神的には聖金曜日（復活祭の前の金曜日）を自らの太陰暦における最初の月のルーナ一四日に当たるとして、復活祭をルーナ一六日に一致させている。実際、そのように日付と曜日が重なる場合はほとんどないため、キリスト教徒たちは神聖なる日（はりつけの日と復活の日）が、それぞれルーナ一四、ルーナ一六よりも早くあってはならないという規則を設けた。それゆえ、もしルーナ一四が土曜日である場合には、聖なる金曜日をルーナ一三に祝い、復活祭をルーナ一五に祝うのではなく、彼らはそれぞれの日をルーナ二〇とルーナ二二日に移動したのである。ある曜日を概念的に違うものとして祝うことはないわけである。一方、アレクサンドリアの人々はウィクトーリウスの表を用いていたギリシャ人だったわけだが、彼らにとって必要だったのは復活祭がルーナ一四よりも後に行われることだけだったので、ルーナ一五日に祝い、ルーナ二二には、すでに一週間前に行ったがゆえに祝うことは決してなかった。

（訳注5）　法律上の暦の八（太陽）年は８×３６５＋２＝２９２２日に、八太陰年は8×354＋3×30日＝2922日になる。

（訳注６）　五三二年を経ると閏年の存在にかかわらず反復が成立するが、九五年では本書一三三頁から三四頁の説明にあるように、そのような反復は閏年ゆえに成立しない。

（訳注７）　ウィクトーリスが二つの日付、ラテン用（ローマの教会、およびそのやり方に従った教会用）とギリシャ用（アレクサンドリアの教会用）を利用した理由は、ルーナ一四が土曜日に当たる場合の調整の方法が両者で異なったからである。アレクサンドリアの教会は、復活祭を翌日に行ったのに対し、ローマの教会はさらにその次の日曜日に行っていた。

（訳注８）　表の一番上（XςI＝17）に当たるところから、外から内に向かって時計周りに情報が提示されている。一周目、二周目までは二行が一塊で、三、四、五周目は三行で一塊である。各一塊の最後の数字は、XX、Xς、XςI、XX、XV…となっていて、復活祭の太陰暦上での日付を示している。表が17からはじまっているのは、十九年周期の値が最初の年（西暦５３２年）は17であるからだ。あとの年については外側の円の周りに書いてあるので塊の中には書かれていないように思われる。二週目（CYII）以降は「ルーナ14の日付」と「復活祭の日付」は書かれているが、その他は省略されているようだ。

（訳注９）　太陽暦の月の日数から太陰暦の月の日数を毎月、引き算した値の積算値が翌月のエパクトになる（その値は以下の表、一番下の段にある数値が示している）のだが、その値は概ね増えて行く。著者はこれを指して、「毎月のエパクトの規則的な連続性」と語っている。

（表）

月	月の日数（太陽暦）(A)	月の日数（太陰暦）(B)	(A)−(B)の積算値
1	31	30	
2	28	29	1
3	31	30	0
4	30	29	1
5	31	30	2
6	30	29	3
7	31	30	4
8	31	29	5
9	30	30	7
10	31	29	7
11	30	30	9
12	31	29	9
1（翌年）	31	30	11

(訳注10) 規則性が乱されたのは八年目(その年には太陰月の四月、五月、六月が、同じような名前の太陽月ではじまり、それぞれ太陽月の五、六、七月で終わった)と一一年目(影響を受けた月は一月、二月、三月)、そして一九年目(影響を受けた月はふたたび四月、五月、六月)であった。ほかの太陰月は太陰月の最終日が対応する太陽月にちなんで、その名前が付けられた。

(訳注11) 「ルーナー・レギュラー」とは、その年のエパクトに足すと、毎月のエパクト(すなわち一日の月齢)がわかる数のことである。メトン周期一年目の年のエパクト(月のエパクトではない!)は〇であるが、一月一日の月齢は九である(年のエパクトの値は三月二二日の月齢に対応)。したがってルーナー・レギュラーは九。周期二年目は、年のエパクトが一一、それに九を足すと二〇が得られる(二年目、一月一日の月齢は二〇である)。三年目は年のエパクトが二二。二二に九を足すと三一。これは三〇を法としては一と同値である(三一は三〇で割れば、余りは一となるということ)。したがって、一月一日の月齢は一となる。

残りの月については奇数月が三〇日、偶数月が二九日であること、そしてすべての太陰月が同名の太陽暦で終わることを覚えていればよい。したがって太陰暦の一月は三〇日からなり、太陽暦の三一日ある月で終わるので、太陰暦の二月は太陽暦の二月よりも一日、早くはじまることになる。その結果、二月一日の月齢は一月一日の月齢よりも一日多いことになり、ルーナー・レギュラーの値は一〇。けれども太陰暦の二月が二九日あり、それが太陽暦の二八日しかない月で終わるため、太陰月の三月は太陰月の二月よりも一日遅くはじまることになる。太陰月の一月と同じ状況に戻った形である(太陰暦三月のルーナー・レギュラー値は一月と同じ九である)。このような考え方で残りのルーナー・レギュラー値も求められる(四月＝一〇、五月＝一一、六月＝一二、七月＝一三、八月＝一四、九月＝一六(八月は太陰暦では二九日、太陽暦では三一日あるため)、十月＝一六(九月は両暦で三〇日)、一一月＝一八、一二月＝一八)。

(訳注12) 日曜日を一、月曜日を二、最後の土曜日が七という対応をする。

(訳注13) 一九年周期の最終年に当たる。

（訳注14）　エパクトが一一、すなわち三月二二日の月齢が一一だとすれば、ルーナ一四は三日後の二五日となるが、エパクトが一八だとルーナ一四は翌月まで待たないとやってこない。

（訳注15）　ディアスポラとは、世界中のユダヤ人コミュニティのこと。ユダヤ人は皆、かつてはイスラエルに住んでいたが、第二神殿が破壊されたとき、彼らは世界各地に離散していった。一九四八年、いまのイスラエルの誕生は、ユダヤ人が戻るべき場所を提供した点で非常に重要である。基本的にディアスポラとはユダヤ人が、故郷イスラエルを失った（ローマ人達による占領等）世界に散らばった状況を指す。

（訳注16）　キリスト教徒たちはユダヤ人たちが過越しの祭りの日付を遅らせていたことに気付かなかった。したがって改革者たちが彼らと日付の一致を避けようとしたにもかかわらず、日付をずらしたニサンの一五日、一六日にはユダヤ人たちが祭りを祝っているのを目にしたのだった。

（訳注17）　暦の精度が上がったためである。

（訳注18）　復活祭がニサンの一五日あるいは一六日（当時、ディアスポラのユダヤ人が過越しの祭りを祝っていた日）と重なってはいけないという考え方を指す。

（訳注19）　太陰月の一四日のこと。

（訳注20）　語らないで、教皇との関係を断っていることをアピールしたかったのだ。

第5章
週と季節

第3章で見たように、古代ローマ人は市《いち》の八日周期ヌンディヌム（八曜制）を持っていた。その周期は月や年から独立したもので、暦の各日にちにAからHまでの文字が書かれることで示されていた。この周期と、最終的にはこれよりも優勢になる七日周期、すなわち週がライバル関係になった。ところで、われわれが知っているような週は、概念的に異なる二つの周期が混ぜ合わされたものだ。すなわち、もともと土曜日からはじまりヘレニズム時代の占星術に由来する惑星に関連する週と、日曜日からはじまるユダヤ教とキリスト教における週である。

占星術と曜日

占星術はギリシャやエジプトの伝統とは無縁だった。一方、バビロニアでは惑星観察が状況

資料15 サートゥルヌスとその曜日．土曜日の各時間（サートゥルヌス〈中央〉の右側，日中の時間から始まる）は，もしそれが土星か火星の下にあれば，「有害である」としてN（ノケンス*Nocens*の頭文字）で記された．木星か金星の下にあれば，「好都合である」としてb（ボナ*bona*の頭文字）で記された．そして太陽，水星，月の下にあれば「無害」としてc（コンムーニス*communis*の頭文字）で記された．下の文章にはこう書かれている．「もしサートゥルヌスの曜日であれば，昼夜を問わず，彼の時間に支配されて，すべてが暗黒状態，困難な状況になる．生れいづる者は危険に晒される．居なくなった者は見つからない．病床に伏す者は危険な目に遭う．盗まれた物は見つからない．」ヴァチカン市，ヴァチカン教皇庁図書館（Romanus I，Barberini lat. 2154, fol. 8）

の予測に長いこと用いられていて、紀元前五世紀の間に、占星術の諸原則は個人の運命を予測するまでに利用が拡大されていった。その頃までにバビロニアとエジプトは、ペルシャ帝国の一部になっていた（エジプトは一時、再独立したものの、アレキサンダー大王がペルシャを打ち破る少し前に再征服された）が、ペルシャの敗北がきっかけで文明世界に文化と政治の混乱が生じ、それがもとで将来、科学となる考え方が広まり、あわせて惑星支配の原則が広まった。

占星術師たちはこれ以降、はじめはエジプトで、続いてそれ以外の地域で、土星から水星、月へと惑星軌道を外から内に向かう順番で、一日の各時間が各惑星の支配の下にあると考えた[1]。さらに彼らは、毎日がその日の最初の時間に対応する惑星に支配されると考えた（資料15）。「自然の日」とよばれた二四時間は、三つの惑星周期と三時間分に当たり、しまいに三つの惑星がくり入れられたため、次の日はその前日と比べて順番が四つ先の惑星からはじまり、それに支配された。たとえば土星ではじまった日の後には太陽ではじまる日、太陽ではじまった日の後には月ではじまる日が続くという仕組みである（枠囲み参照）。

惑星に関連したこの週は、東はインド、中国へ、西はローマに広まり、ローマではアウグス

惑星に関連する週の起源

♄＝土星；♃＝木星；♂＝火星；☉＝太陽；♀＝金星；
☿＝水星；☽＝月；**D**＝日；**N**＝夜

太くしているのは、その日を支配する惑星である。
一日の各時間を支配する惑星（左端、縦の数字は昼夜それぞれ何時間目かを示す）

	D	N	D	N	D	N	D	N	D	N	D	N	D	N
1	**♄**	**☿**	**☉**	**♃**	**☽**	**♀**	**♂**	**♄**	**☿**	**☉**	**♃**	**☽**	**♀**	**♂**
2	♃	☽	♀	♂	♄	☿	☉	♃	☽	♀	♂	♄	☿	☉
3	♂	♄	☿	☉	♃	☽	♀	♂	♄	☿	☉	♃	☽	♀
4	☉	♃	☽	♀	♂	♄	☿	☉	♃	☽	♀	♂	♄	☿
5	♀	♂	♄	☿	☉	♃	☽	♀	♂	♄	☿	☉	♃	☽
6	☿	☉	♃	☽	♀	♂	♄	☿	☉	♃	☽	♀	♂	♄
7	☽	♀	♂	♄	☿	☉	♃	☽	♀	♂	♄	☿	☉	♃
8	♄	☿	☉	♃	☽	♀	♂	♄	☿	☉	♃	☽	♀	♂
9	♃	☽	♀	♂	♄	☿	☉	♃	☽	♀	♂	♄	☿	☉
10	♂	♄	☿	☉	♃	☽	♀	♂	♄	☿	☉	♃	☽	♀
11	☉	♃	☽	♀	♂	♄	☿	☉	♃	☽	♀	♂	♄	☿
12	♀	♂	♄	☿	☉	♃	☽	♀	♂	♄	☿	☉	♃	☽

トゥス（紀元前三一年から西暦一四年までの唯一の支配者）の治世に、それが書き記された記録が残っている。その治世の間、詩人のティブッルスは「サートゥルヌスに献じた曜日」のことに触れているし、またある碑文にはAからHの八文字周期のヌンディヌムが表され、その脇には一週間向けにAからGの七文字周

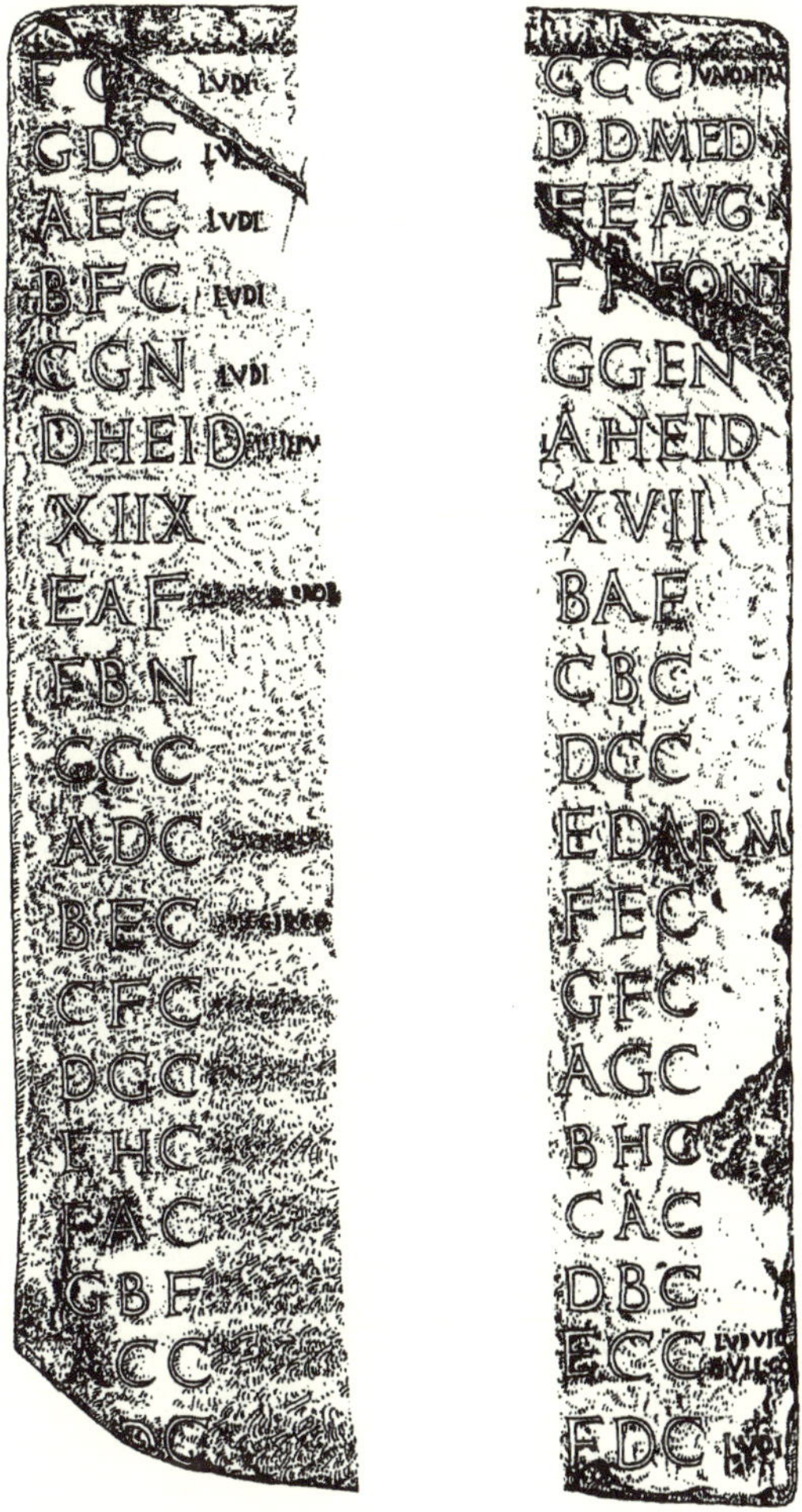

資料16　ファースティー・サビーニーの断片．八曜制の周期を表す文字の脇に曜日を表す文字が付いていることを示す．
A. デグラッシ編『インスクリプチオーネス・イタリアエ』，xiii/2（ローマ：国立印刷造幣局，S.p.A）

期が並んでいる（資料16）。

八曜制よりも週のほうがよく利用された初期の例がポンペイの落書きに表されていて、そこにはいろいろな町や都市の市の日が示されている。ポンペイからカプアまで八つの地名がリストされ（ローマは七番目）、地名の隣の縦列には 'Sat.' から 'Ven.' まで、週の曜日が並んでいる。残念なことに、これを書いた者は行と行とではなく丸ごと縦列と縦列を対応させているため、各曜日の間には広く空間が取られているのに対して各都市名の間はひどく窮屈になっている（資料17）。

曜日と宗教

一方、ユダヤ人たちは独自の週を使っていた。その週は一から六の番号が付いた六つの労働日の後に一日の安息日、すなわちシャバートゥ（*shabbat*）、英語のサバス（*Sabbath*）が続くものである。安息日は占星術の土曜日と偶然にも一致した。土曜日は、土星が不吉な惑星であるがゆえに不吉な曜日であったため異教の著述家たちは、この安息日を喜びのない断食日と誤って表記した。確かに安息日の規則は少なくとも地域によっては、現在の規則よりも厳格なものであった。たとえばヨベル書は、その曜日に夫婦が性交を営むことを禁じている。ラビの教義の伝統ではそれを積極的に勧めているにもかかわらずそうなのである。しかしそのヨベル書

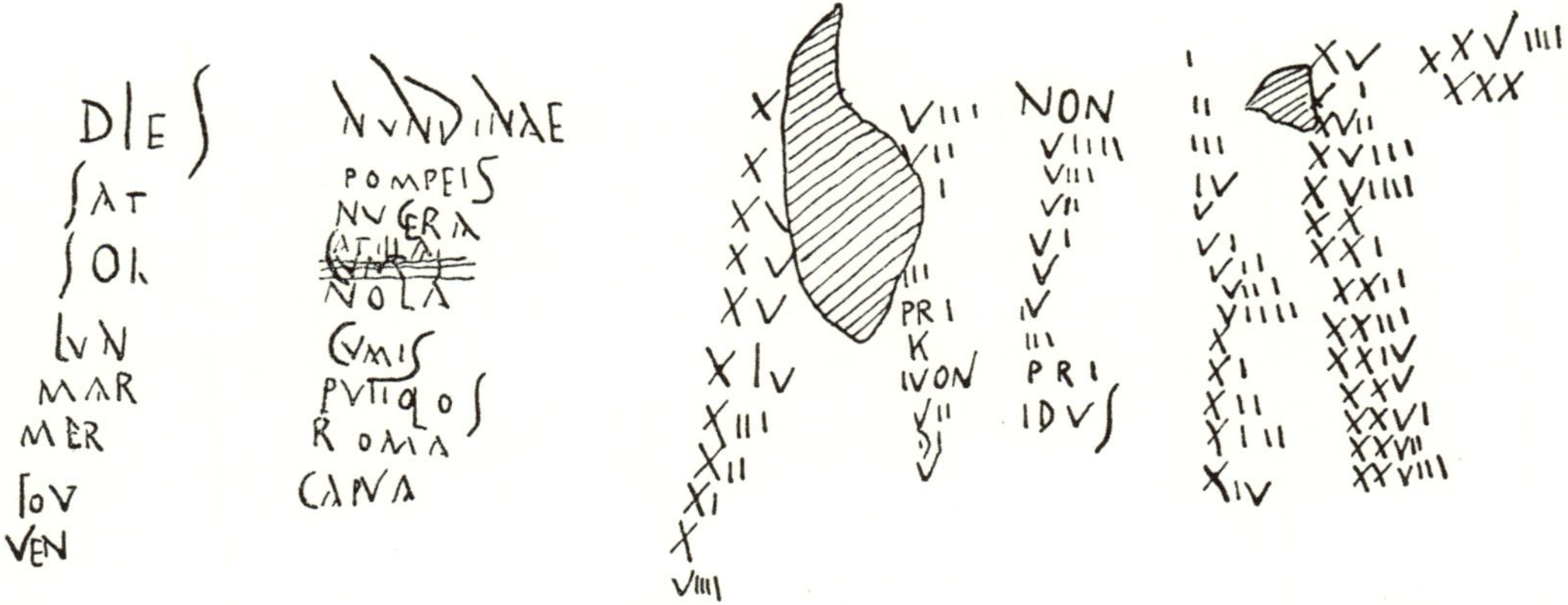

資料 17　ポンペイの落書き．週と市の周期が合わさった状態で書かれている．真ん中の部分には二ヶ月の間に市が行われた日，そして右端にはありうるすべての月齢が書かれている．
『コールプス・インスクリプチオーヌム・ラティナルム』，iv. 8863
W. クレンケル著『ポンペイヤーニッシェ・インシュリフテン』（ライプツィヒ：ケーラーとアメラング・フェアラーグ，1961 年）より

でさえ、断食を許してはいない。そうなるとやはり、異教の著述家たちの記述はバビロニアの不吉な日である、月の七日、一四日、二一日、二八日を表していると考えたほうが適切かと思われる。著述家の中には、これらの日に安息日の起源を見出している者もいるが、むしろ、これらの日が占星術の土曜日に対応するよう調整され、惑星の中でも最も有害な惑星の支配下に置かれたとも考えてもよいように思われる。

安息日はユダヤの一週間における終わりの曜日であったが、それは惑星に関連する週の最初の曜日に当たっていた。しかし不吉なはじまりを好む者などいないわけで、西暦二世紀になる頃には占星術師のウェッティウス・ワレーンスが惑星週を日曜日から数えていた。太陽は木星や金星のように「めでたい」惑星ではないものの、土星や火星のように有害な惑星でもなかったのである（次頁の枠囲み参照）。この変更は惑星週とユダヤ週を一致させるという効果もあった。ユダヤの神聖なる名前ヤーウェ（Iao）をその魔力を頼りに用いていた社会において、これは偶然な出来事ではなかったのかもしれない。

火曜日は幸運か幸運でないか？

ギリシャ人にとって火星の曜日は、不運の曜日であった。それはコンスタンティノープルがその曜日に陥落したからだけではない。西洋人は金星の博愛を忘れて、火曜日の不運を金曜日、すなわちはりつけの曜日に移動したのだ。対照的にユダヤの伝統では火曜日は**めでたい**日である。なぜなら、「そして神はそれがよいことであると理解した」というくだりが創世記、三日目についての語りに二度、出てくるからである。

キリスト教徒たちは番号の付いた曜日からなるユダヤ週を取り入れていたが、最初の曜日を彼らは「神様の曜日」とよんだ。ギリシャ語を話す人々は、月曜から木曜を二番目から五番目の曜日にそれぞれ対応させ、金曜日を備え日（ヨハネの福音書一九章三一節）とした。ラテン語を話す人々は、月曜日から金曜日を第二フェーリア（*feria*）から第六フェーリア（*feria*）とよんだが、そうよぶにあたり、古典ラテン語のフェーリアェ（*feriae*：「休日」の意）から新しい単数形を引っぱり出した。この単数形はいまでも暦の専門的な議論において、「週の曜日」

(day of the week) という回りくどい言い方に代わってより好んで用いられる。両方の言語において、七番目の曜日は安息日のままであったが、ユダヤ人の諸規則がユダヤ教でない教会によって守られることはなかった。ローマではその日に断食することさえも習慣になり、東方のキリスト教徒たちはそれに驚いたのだった。

ローマ帝国支配下のエジプトからいまに残る資料によると、裁判所は毎週木曜日に休み、木曜日を支配する天体である木星の博愛を享受していたようだ。しかし三二一年になるとキリスト教徒の皇帝コンスタンティヌス一世が、太陽崇拝を祝う曜日に人々の訴えを聞くべきではないと命じる。彼はキリスト教の用語である「神様の曜日」を用いなかった(帝国の市民の大半が、まだキリスト教徒ではなかった)が、その四年後の裁判所の記録にはそれを用いていると記されている。その後の法律では、時に両方のよび名が一緒に用いられている。こうした布告によって、日曜日は毎週、復活を思い出させる曜日から休息日へと変わっていった。もっとも六世紀になってもまだ、アルルのカエサリウス司教が、まだ地方の農民たちが日曜に代わって木曜日に休んでいると不満を漏らすような状況はあった(これは最近まで、フランスの学校での伝統的な休みの日であった)。

キリスト教化した帝国内では、惑星の名前とキリスト教の名前が競い合った。その競争のさまざまな結果は現代語に現れている(枠囲み参照)。ギリシャ語とポルトガル語ではキリスト教の用語が勝利した。ほかのロマンス語では、日曜日と土曜日が「神様の曜日」と「安息日」となったが、ほかの惑星の名前は追い払われるのを拒んだ（もっともサルディニアでは金曜日がケナプラ（*kenapura*：「真の夕食」の意）となり、最後の晩餐を祝う曜日になる）。ブリトン人

曜日の名前

	異教ギリシャ語	教会ギリシャ語	異教ラテン語	教会ラテン語	フランス語
日	ヘーリウー*	キュリアケー	ディエース・ソリス†	ドミニクス/ドミニカ	ディマンシュ
月	セレーネース	デウテラー	ディエース・ルーナエ	セクンダ・フェーリア	ランディ
火	アレオース	トゥリテー	ディエース・マールティス	テルティア・フェーリア	マルディ
水	ヘルムー	テタルテー	ディエース・メルクリイー	クウワルタ・フェーリア	メルクルディ
木	ディオス	ペンプテー	ディエース・ヨウィス	クウィーンタ	ジュディ
金	アプロディーテース	パラスケウエー	ディエース・ウェネリス	セクスタ・フェーリア	ヴォンドルディ
土	クロヌー	サッバトン	ディエース・サートゥルニー	サッバトゥム	サムディ

*異教ギリシャ語の各曜日の名前には「ヘーメラー（*hēméra*）」、「日(昼)」という意味の名詞が略されている

†異教ラテン語の曜日は各曜日、順序が逆になることもある（例：ソリス・ディエース）

	ポルトガル語	ウェールズ語	英語	ドイツ語	ポーランド語
日	ドミンゴ	ディーズ・スィル	サンデー	ゾンターク	ニェヂェラ
月	セグンダ・フェイラ	ディーズ・シン	マンデー	モンターク	ポニェヂャウェク
火	テルサ・フェイラ	ディーズ・マウルス	チューズデー	ディーンスターク	フトレク
水	クワルタ・フェイラ	ディーズ・メルヘル	ウエンズデー	ミットヴォッホ	シロダ
木	キンタ・フェイラ	ディーズ・イアイ	サーズデー	ドネスターク	チュファルテク
金	セスタ　フェイラ	ディーズ・グウェネル	フライデー	フライターク	ピョンテク
土	サバド	ディーズ・サドゥルン	サタデー	ザムスターク	ソボタ

たちはさらにいっそうキリスト教の用語に抵抗を示すことがわかった。ウェールズ語、コーンウォール語、ブルトン語では七つすべての惑星名を当てていることが簡単にわかる。

ゲルマン語派の民族もほぼ同じくらい頑固だった。すなわちローマ人たちがギリシャの神々をローマの神々で置き換えたように、彼らは各曜日に自らの神を当てたのだ。火星には英語でティウ（Tiw）、ノルウェー語でテュール（Tyr）とよばれる戦の神、あるいはマールス・ティングスス（Mars Thincsus）として碑文の中に見つかる「集会（ティング *thing*）にいる戦士たちの神」（そこからオランダ語のディンスダッフ〈*Dinsdag*〉、ドイツ語のディーンスターク〈*Dienstag*〉が生まれる）を当てた。また水星には知恵の神としてオーディン（Odin）を、木星には雷神としてトール（Thor）を、金星には愛の女神としてフリッグ（Frigg）を当てた。英語とオランダ語には、これ以上の変更は現在までになされていない。ゲルマン語の神々には同等なものがないサートゥルヌスは、七番目の曜日の神として放っておかれている。

ドイツ語では変更があった。水曜日は日曜日と土曜日の間にあるものとして「週の真ん中」（ミットヴォッホ）という。土曜日は安息日（ザムスターク *Samstag*）か、太陽日の前の日（ゾンアーベント *Sonnabend*）といい、前者はローマ・カトリック教信者が決まって使うものである。それはまた縮約形の Sa. が自然に伸びたかたちとしてとらえられるために、プロテスタントたちの間で使われる後者にいまや取って代わろうとしている。方言にはほかのかたちも見られる。バイエルンの人たちには火曜日を表すエアターク（*Ertag*）という語をもち、それは異教ギリシャ語のアレオース（*Áreōs*）（「軍神アレースの」の意）からきたものである。また木曜日にはフィンツターク（*Pfinztag*）という教会ギリシャ語のペンプテー（*Pémptē*）（「五番目の」）に由来する語がある。

スラブ人たちのやり方は違った。日曜日は「働かない」（ネデェーリャ〈*nedělja*〉）とよばれた。これがロシア語を除くあらゆる現代スラブ語で用いられる日曜日を表す名前の根底をなしている。ロシア語ではこの語は「週」を意味し、日曜はヴォスクレセーニエ（*voskresen'e*）で「復活」を意味する（学者が用いがちな言葉のかたちであるヴォスクレセーニエ〈*Voskresenie*〉は「復活祭」を意味する）。もっとも月曜日は「ネデェーリャの次」を意味するポネデェーリニク（*ponedel'nik*）で同じである。土曜日は「安息日」となったが、水曜日が「真ん中」（*Mittwoch* と比較のこと）といわれるのに対して、火曜日、木曜日、金曜日にはそれぞれ「二」、「四」、「五」から派生した名前があり、教会ギリシャ語や教会ラテン語のように日曜日から数えはじめるのではなく月曜日から数えはじめている。月曜日は復活祭と聖霊降臨日との間を除き、正教会の聖書週間の最初の曜日である。リトアニア人たち（大半はローマ・

カトリック教徒）とラトヴィア人たち（大半はルター派の人々）もまた週を月曜日から数えはじめる。月曜日は商売や行政に携わる一般の人々にとって一週間の最初の曜日である。対照的にキリスト友会の人々は、以前、週の曜日日曜日から土曜日までを一番目から七番目と数えていた。

イスラムでは金曜日を祈りの曜日とした上で、ユダヤ教の週を修正した。その曜日はアラビア語でジュマー（*jum'a*）といい「集まり」を意味した。安息日は実際には残っていないが、名前に残っている。そのほかの曜日は、現在でも日曜日から数えられている（キスワヒリ語では、土曜日から水曜日を曜日一から曜日五とよぶ一方で、木曜日をアラビア語で「五番目」を表すアルハミシ（Alhamisi）とよんでいる）。

主日文字

中世、またその後の長きにわたって、暦上の一年の各日にちに記載されているAからGの周期的に現れる文字のおかげで、どんな日付でもその曜日が容易にわかった。仮にもし今日が火曜日だとしたら、暦に書いてあるその曜日の文字を見て、同じ文字が記されているほかの日も火曜日だとわかるわけだ。閏日（それは閏日ではない通常の二月二四日と文字Fを共有していた）や新年が関係してくるまでは、それが有効だった。毎月、最初の日の曜日を教えてくれる記憶術は、曜日を知ることをいっそう、楽にした。英語による例として次のようなものがある。

At Dover Dwells George Brown, Esquire, Good Christopher Fitch And David Frier.
（ドーバーに住んでいるのは領主ジョージ・ブラウン、善良なクリストファー・フィッチ、そしてディヴィッド・フライヤーだ。）この単文によって各語の頭文字からADDGBEGCFADFという並びが覚えられる。すなわち、一月一日はA、二月一日はD、以下続くという形である。二月の各日にちは一月の同じ日よりもAからHの周期上で三つ後のアルファベットになる。

教会関係者たちは日曜日を知ること、とくに復活祭の日曜日を知ることに関心があったので、これらの文字をリッテラエ・ドミニカーレース（*litterae dominicales*）、すなわち主日文字（日曜日の文字）とよんだ。同じ用語が任意の年において、日曜日に対応する文字を表すのにも使われた（枠囲み参照）。復活祭の日はルーナ一四の次の日曜日であり、三月二二日（D）と四月二五日（C）の間、その年の主日文字を付ける。

主日文字

ユリウス暦で主日文字を見つけるためには、西暦年を四で割り、その商に西暦年を媒介変数五とともに加える。そしてその全体を七で割る。もし余りが〇ならば、その年の主日文字はAである（つまり、その年のAが付いたすべての日が日曜日ということになる）[2]。もし一なら文字はG、二ならF、三ならE、四ならD、五ならC、六ならBである。閏年の場合、こうして見つかる主日文字は二月二五日以降、有効である。その日まではこれらの次に来るアルファベット文字が当てはまり、したがってその年の日曜日の文字はBA、CB、DC、ED、FE、GAと記される。グレゴリオ暦において、加えられべき媒介変数（一六九九年の一二月三一日に至るまでは二だった）は、〇〇で終わらない年ごとに一つずつ減らす。たとえば一九〇〇年から二〇九九年までは六である（ユリウス暦、グレゴリオ暦両方の主日文字について恒久的な表を見たいならば、『オックスフォード・年事典』の八三六頁を見よ）。

異議を乗り越えて

フランス革命暦（枠囲み参照）には、キリスト教の週が入る余地はなかった。代わって、革命家たちに愛された一〇進法に合わせて、各月は一つが一〇日間からなるデカッドとよばれる三つの単位に分かれ、それぞれの最後の日はフランス国民からさまざまな事物に捧げたデカッド祝いの日であった。

二つの暦の競争は、革命派のシトワイヤン・デカディと復古派の日曜日氏との間の対立として小冊子に描かれている。一七九八年には新しい暦が義務化され、週を守ることが全面的に禁じられた。日曜を休む公務員は首になり、礼拝の曜日として、日曜日に代わって一〇曜日を教会に押しつけようという動きさえあった。しかしフランスの多く場所では、週に反対する運動は最初から失敗で、またナポレオンも「フランスの暦」（革命暦）がまだ公に施行されていた間でさえ、その運動を断念した。

フランス革命暦

一七九三年、議会は一七九二年九月二二日のフランス共和国の創立にさかのぼって適用する新たな暦を、アレクサンドリアのやり方[3]に沿って施行した。一年は三〇日からなる月が一二個と五つの補足日（ユリウス暦の閏年の前は六つの補足日）で構成されていた。したがって七年目（一七九八〜九九年）は閏年（アネ・セクスティユ）となった（グレゴリオ暦の一八〇〇年はそうではなかったのだが）。月の名前は、各季節を表す異なる接尾辞（秋はエール、冬はオズ、冬はアル、夏はドール）が付いて、フランスの気候やフランス農業年を映し出していた。

週に対する異議はソヴィエト連邦からも起こった。一九二二年の新しい暦は一二か月すべてを三〇日にして、国民の祝日を間にはさんだものだった。その暦では七日からなっていた週が月曜日から金曜日まで（あるいは「第一」から「第五」まで）の五日間周期のものに変わり、「ブルジョアの怠け者たちのための」土曜日と日曜はなくなった。この五日間の各日に総人口の五分の一ずつが休みとなり、国民一人ひとりが自分の休日に対応した色つきの細長い紙を受け取った（国民の祝日はこの周期から除外されていた）。

このやり方が狙いとしたのは、個人のゆとりのある休暇中でも生産が続くようにということであったが、その狙いは失敗した。逆に宗教的な行事の遵守を乱すことや家庭生活を乱すといったもくろみは成功したため、過度の不満を引き起こすことになった。その結果、この改革は修正を受けることになる。一九三一年の一二月一日から、昔ながらの月が復活し、また全国統一の休日が復活する。しかし週はもどらなかった。その代わりに各月の六日、一二日、一八日、二四日と（二月を除く）三〇日が休日になった。この制度は共産主義や暦改革に賛同する西洋人に、もはや都市で働く人々は七日からなる週を記憶しなくてもよいということを確信させたのだが、農民たちは日曜日と新しい休日の両方を取ることでこの制度を故意に妨害した。一九四〇年にはスターリンが日曜日の休みと週七日制を復活させている。

こうした革命的な制度に加えて、日付と曜日の関係を一定にしようという提案が、これまで時折、改革派側からなされてきた。それは毎年、特定の週から一日を（閏年は二日を）取り除くことで可能だというのである。そうした日は「曜日のない日」と名づけられている。一八三四年にマルコ・マストロフィニは、一二月三一日と（その翌日に当たる）閏日をその週から取り除くだけで、一月一日がつねに日曜日になり、復活祭が四月九日になると唱えたが、ほかの暦改革者たちは毎月の長さを同じにする、あるいは少なくとも季節の長さを同じにするというもっと総合的な案を出した。

一七四五年には早くも、『紳士のための雑誌』に送った手紙でヒロッサ・アップイキム

(Hirossa Ap-Iccim) という仮名の人物が、一年を一三か月にして各月を四週間にすること、またクリスマスに曜日のない日を設けること、そして閏年には国の祝祭日を一日設けることを提案している。提案はさらに旧スタイルの一七四五年一二月一一日を、紀元前四世紀からはじめる新しい紀元では一七五〇年の一月一日にすること、閏年は一二二年ごとにとめること、重量、長さ、お金は八の倍数で数えることであった。これを提案した人物はメリーランドの聖職者ヒュー・ジョーンズ師であるが、彼はこうした考え方をさらに詳しく書いて、チェスターフィールド卿に献呈し(英国図書館に所蔵。追加写本、番号21893)、それを「H. J.」という本名を隠した名前で『パンクロノミター』(ロンドン、一七五三年)という題名の本に著し出版した。注目はまったくなされなかったけれども一年を一三か月とするこの案は、実証暦の土台となった。暦の最初の年を一七八九年とする実証暦は、オーギュスト・コントにより一八四九年に公表され、いまでもフランスやブラジルで少し流布している。月や日は偉大なる男性たちや、時に偉大なる女性に捧げられていた。三六五番目の日は死者たちに、閏日は聖なる女性たちに捧げられている。

一年を一三か月にするやり方は、二〇世紀初期、会社内部の会計処理で用いられたことがあった。それを足がかりに米国の二人のビジネスマン、英国生まれのモーゼズ・B・コッツワースとイーストマン・コダック社のジョージ・イーストマンは、世界を国際固定暦に変えること（よく知られている名前ではイーストマン計画）に着手する。その計画ではソルとよばれる一三番目の月が七月の前に置かれ、また「曜日のない日」が（平年には）一二月二九日（年日 Year Day）に、閏年には六月二九日（閏日 Leap Day）に設けられることになっていた。かたくなな現実主義者ゆえ、一年に一三日の金曜日が一三回もあることにひるまなかったイーストマンは、一三という数は反乱を起こした一三州によってその礎が築かれた国では幸運の番号だと述べている。

米国以外では、当然、この議論は米国におけるほど関心をよばなかった。改革を唱える人々の中には、一年一二か月を提案することでイーストマンの改革をトーンダウンさせる者もいた。その提案に従うならば、二か月おきに四週ではなく五週ある月がめぐってくる。注目を集めたのは、ある「世界暦」のほうで、それは三月、六月、九月、一二月を三一日、ほかの月を三〇日にし、やはり「曜日のない日」を一二月の後に（閏年には六月の後に）設けるものだった。

一九二〇年代、国際連盟はイーストマン計画とこの世界暦の案の両方に関心を示した。しかし週を途中で区切るという点が事を先に進める際の足かせとなる。一九三一年、大英帝国へブライ信徒連合の首席ラビであるジョセフ・ハーツ博士（資料18）は、ジュネーブの連盟本部で

資料 18　週を救おうと戦った主席ラビ，ジョセフ・ハーマン・ハーツ博士（1872-1946），ロンドン，ナショナル・ポートレイト・ギャラリー

改革を激しく非難した。彼は、正教会のユダヤ人たちは安息日と安息日の間に八日あることを受け入れないということ、そして土曜以外の曜日に安息日があると彼らが不便を被るということを力説した。博士の介入が及ぼした影響の大きさは、一般の

改革者たちの間で起こった苦味が心に残るような憤りで計り知ることができる。

安息日再臨派たちも、混乱を起こしたこの改革案に反対した人々である。インド帝国政府は腹立たしく思う繊細な人々が多くいることを知っていて、混乱を招く改革は受け入れられないと宣言した。対照的に世界暦が一九五〇年代に一時的にふたたび脚光を浴びた際、それを歓迎したのは、独立後に国を支配した一途な非宗教関係者たちだった。けれども旧宗主国の中でその暦改革に利点を見出した者は皆無であった。それ以降、よき世界を求めて運動する人々は、自分たちのエネルギーをもっと差し迫る関心事へと向けていった。こうしたわけで週というものは、構造的な変化を被ることもないまま依然として機能し続ける最古の暦上の制度といえる。

週を基本とする年

ハーツ博士が国際連盟に訴えた際、彼は週に手を付けないという条件なら、ユダヤ人は暦改革そのものには反対しないだろうと宣言した。とくに曜日と日付との固定した関係を目指すというならば、改革は一年を五二週、すなわち三六四日とし、時に閏週を加えることで成し遂げられるだろうとも述べた。この意見が承認を得ることはなかったが、アイスランドでは一年を三六四日とする（閏週が入ることもある）暦が、すでに何世紀にもわたって知られていて、それが民間の諸事を統括していた。その一年は三〇日（あるいはむしろ三〇夜というべきか）からなる月が一二個と、四日分の閏日（閏夜）（*aukanœt(u)r*）とで構成され、二八年に五年の割合で閏週（*aukavika*）があった。またその暦は、昔のゲルマン民族が用いていた「夏」と「冬」の二季節制に基づき、相関関係にあった教会暦から週と太陽周期を取り入れていた。実際に日付は、通常、月単位で計算していたのではなく（冬の後半、ロームルス王がどうやら月を割り振らなかった時期を除く）、真夏前に残っている週の数、もしくは真夏後に過ぎた週の数、あるいは真冬前に残っている週の数で計算した。

けれども具体的にハーツ博士の頭にあったのは、第二神殿時代に一部のユダヤ人が使ったか唱道した暦のことだったのかもしれない。それは一年が三六四日、三か月ごとに三一日の月があり、残りの月は三〇日からなるものであった。週は第一曜日（日曜日）からはじまるのではなく第四曜日（水曜日）、すなわち太陽と月がつくられた曜日にはじまった。この暦がどのくらい古いものであるのか（学者の中にはこの暦、もしくはこれに似た暦がバビロニア捕囚前の標準だったと提唱する者がいる）、またこの暦が特定の時期にどのくらい広範囲に用いられたのか、そうしたことについては定まった見解がない。さらに、実際に追加の週が入れられたかどうか、あるいはこの暦に賛成する人々が、暦と太陽がずれた場合、「それは太陽のせいだ、俺たちが知るものか」という考え方をしたかどうか、こうしたことに関しても議論が続いている。

ほかのグループ分け

アイルランドの昔の法律文書には五日間や一五日間というまとまりがあり、後者はキリスト教が広まる以前の太陰暦の半月が残ったものである。三日、四日、五日、六日、九日、あるいは一〇日という市の周期は、ローマにおける八日間の八曜制に加えて、現在を含めこれまでに世界の多くの場所で使われてきた。ナイジェリアでは複数の民族が四日周期、ならびにその倍数の八日と一六日周期を異なる文脈で用いている。

同じ周期を用いる町や村が異なる曜日に市を開くとき、その異なる曜日の間に関連が出来上がる。一方、西アフリカで顕著なように、特別の場所に異なる市の周期が二つ以上共存する場合、同じ周期を用いている村同士では特別の結束が生まれるが、そうでない村同士では敵対心が、とりわけ同じ日に市を開く場合には生まれる。

週やこれまで話した週の類は月や年と一緒に進んでいくのが一般的である。一日の日曜日の後には二日の月曜日が続き、二〇〇三年一二月三一日（水曜日）の後には二〇〇四年一月一日（木曜日）が続く。しかし文化によっては、週の類が複数一緒に進んでいくものがある。たとえば中央アメリカでスペインによる征服前に使われた二六〇日周期を形成する一三日周期と二〇日周期がそうであったし（第6章参照）、二日間のものから一〇日間のものまで九つ以上の同時進行する周期がインドネシアにはある。このうち周期が五日、六日、七日のものが最も重要で、二一〇日周期のオダランとよばれるものを形づくる。

季節

西洋社会は、古代ローマ人たちから一年の区切り方として四つの季節、すなわち「年の時期」（ラテン語のテンポラ・アンニ〈*tempora anni*〉で、そこからドイツ語のヤーレスツァイトゥン[4]〈*Jahreszeiten*〉が出てくる）に分けることを受け継いだ。ラテン語の語でウェール（*veres*）、アエスタース（*aestas*）、アウトゥムヌス（*autumnus*）、ヒエムス（*hiems*）ほど、現代ヨーロッパ語に訳しやすい語は少ない。宇宙を表した図には、こうした季節を世界モデルに組み込んだものがある（資料19）。それは別の温帯文化である中国の文化にも春夏秋冬として登場する。

しかし、この区分けは決して普遍的なものではない。ナイジェリアではヨルバ族が半年に及

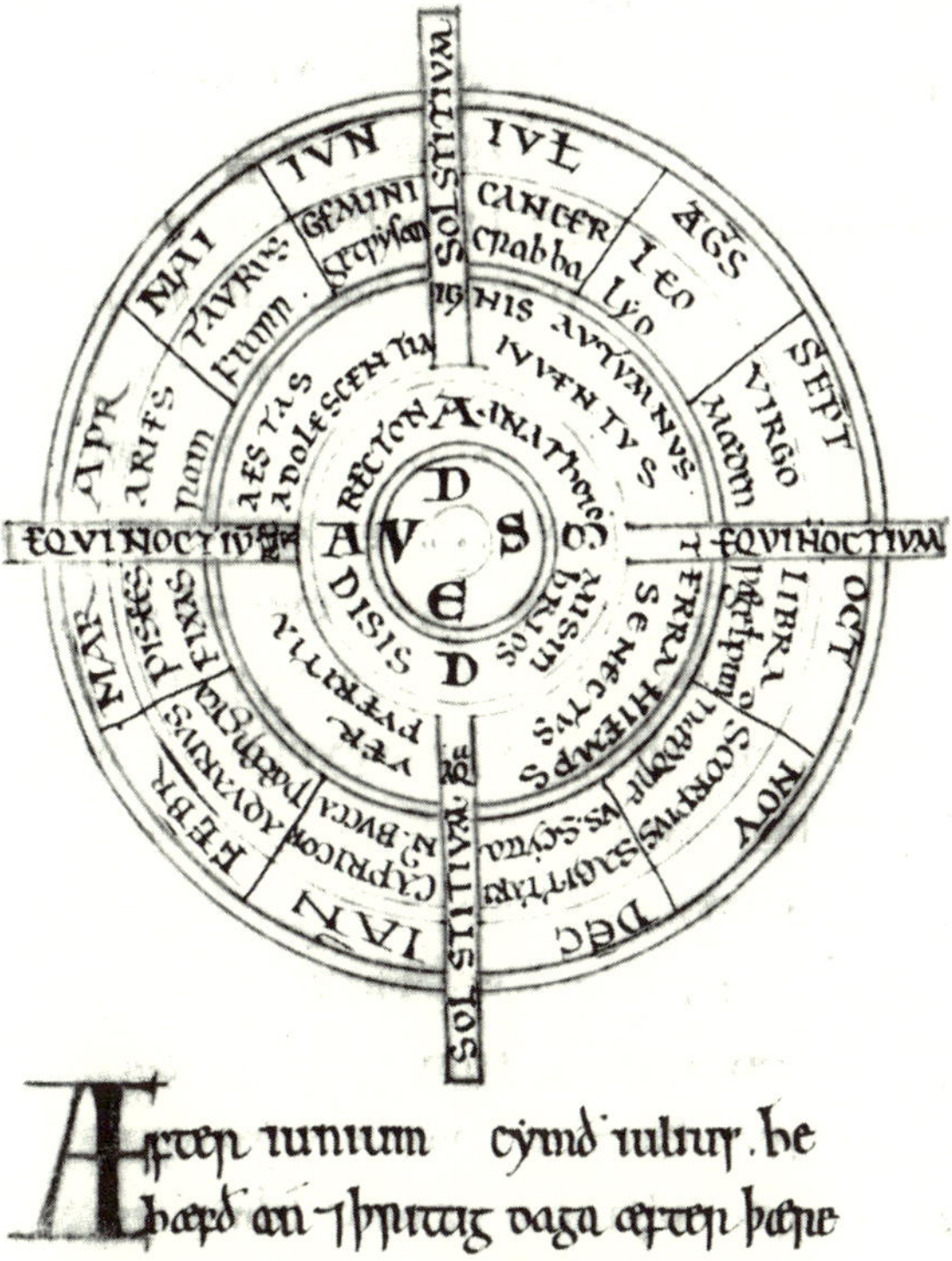

資料 19　バートファースの著した『エンキリディオン』に載っている表（11 世紀初期）．方位点，季節，十二宮，人間の年齢を各月に位置付けている．ボドリアン図書館（オックスフォード大学）（MS Ashmole 328, p. 85）

ぶ二つの季節をそれぞれ乾季、雨季とよぶ。インドには六つの季節があり、そのサンスクリット名は、グリスマ（暑い季節）、ヴァルサ（雨季、モンスーン）、サラド（秋）、ヒマンタ（冬）、シシラ（涼しい季節）、ヴァサンタ（春）であり、それぞれ二か月続く。これらの季節は国の内部でも時期にずれがあるのだが、国の暦（第6章参照）上では春はファルグナの月〈5〉（Phalguna）からはじまる。

古代エジプトでは三つの季節が認められていた。すなわち氾濫季、冬、夏である。各季節が太陽暦の四か月を構成し、紀元前六世紀までその四か月にはそれぞれ、しかじかの季節の何番目の月だと数が付けられているだけだった（付録Aを見よ）。この暦では閏調整をしなかったため、エジプト史の大部分において名目上の季節と実際の季節が対応していない。たとえば紀元前八二四年の場合、三月二一日に新年がはじまると、暦の上での「冬」が洪水が理論上、はじまるとされる七月一九日から一一月一五日まで続き、その後に「夏」が続く有様だった。

古典ギリシャ語には、春（エアル、もしくは方言のウェル）、夏（テロス）、冬（ケイモーン）があるが、秋（プフトゥヒノポーロン）のはっきりした概念と名前が登場するには時間を要した。偉大なギリシャの歴史家トゥキディデス（紀元前五世紀から四世紀）は春の存在をよく承知していながら、ペロポネス戦争が行われた間の各年を夏（遠征の季節）と冬に分けている。

同様の二季節の概念は、ゲルマン民族の間にも存在していて、アイスランドのみならずスカンディナビアにおいても柔軟に利用されている。それらの地域で夏は聖ティブルティウスの日（四月一四日）に、冬は聖カリスタスの日（一〇月一四日）にはじまるといわれる。結果として、諸々のゲルマン語の間で「夏」と「冬」という語が共有されているが、ゲルマン語で「春」や「秋」という語が存在するようになったのは、ゲルマン語がローマ文化に触れてから後である。その二つの季節を表す語は異なる言語同士の間で、あるいは同一言語においてさえ、その内部で大きく異なる。たとえば、英国の英語ではチョーサー、ティンダル、シェークスピアが用いたラテン語やフランス語系の「アータム」という語がいまに残っているが、米国では「葉の落下」の略である「フォール」という語が用いられている。その最初の使用例は一六世紀に確認できる。ドイツ語で春は「デァ・フリューリング（*der Fruhling*）」か「ダス・フリューヤール（*das Frühjahr*）」である。古めかしいか、あるいは詩的に聞こえるドイツ語のレンツ（*Lenz* 春）は、現用のオランダ語レンタ（*lente* 春）や古英語のレンクテン（*lencten* 春）と同語源である。後者は季節としても、教会の断食としても使われた。断食のほうはいまでも短縮形レントゥ（*Lent*）でよばれていて、レンテン（*Lenten*）（*Lenten sermon*〈四旬節の説教〉が例）はその形容詞形として理解されている。季節のほうは一六世紀以降、「一年の源」の省略たる「スプリング」になった。
ケルトの言語の中にも「春」と「秋」を表す語はさまざまある。しかし「夏」と「冬」には共通の語がある。二つの季節で一年を区切る方法は、アイルランドの用語辞典に明示されている。アイルランド語のサウンラ（*samhradh*）（夏）とウェールズ語のハーヴ（*haf*）（夏）は英語の夏に関係し、アイルランド語のギェウンラ（*geimreadh*）（冬）とウェールズ語のガエアヴ（*gaeaf*）（冬）は、ラテン語のヒェムス（冬）に関係する。これらの語がガリア語の月の名であるサモニオス（*Samonios*）とグラモニオス（*Giamonios*）の根底をなしている（第6章参照）。

ラテン語の著述家たちは、季節のはじまりに対してさまざまな日付を与えている。大プリニウス（西暦七九年没）は、二月八日、五月一〇日、八月一一日、一一月一一日を季節のはじまりとした。セビリャのイシドール（六三六年没）は、一二月二二日、五月二四日、八月二三日、一一月二三日とした。尊敬すべきベーダは七二五年の著作において、はじまりを二月七日、五月九日、八月七日、一一月七日と記したが、これは言い換えれば各月、アイヅの七日前ということだ。イシドールの日付もベーダの日付も中世の暦にはふつうに見られるが、ベーダのやり方では春分と秋分が各季節のほぼ真ん中に当たる。そのため、聖ヨハネの日が「真夏の日」に当たる形になっている。加えて、クリスマスを表すふつうの古英語の言葉は「真冬」であった。

アイルランドでは春は二月一日から、夏は五月一日から、秋は八月一日から、冬は一一月一日から数える。これらの日付のうち二月一日は聖ブライド、もしくはブリギッドの日である。これは元来、春の新しい季節を表すキリスト教以前の言葉イモルグ（*Imbolc*：現代アイルランド語の *Oímelc*）を無視した格好である。しかしほかの三つの日にはその古代の名前ベルテイン（*Bealtaine*）、ルーナサ（*Lunasa*：昔の綴りは *Lughnasadh*）、サウンニ（*Samhain*）が残っている。『オックスフォード英語辞典』ではこの区切り方を「英国人の」気質と見なし、季節を三月、六月、九月、一二月ではじめる北米の習慣と対峙させている。しかし大半の英国人たちは北米の習慣のほうを好むことだろう。それは英国の気象庁が採用しているやり方である。

当然のことながら地球上全体を見渡しても、あるいは北半球だけに限ったとしても、自然現象に基づいて季節の区分けをうまく行えることはない。客観性が増すのは季節のはじまりを分点、至点にする原則であり、現在でいえば三月二〇日、六月二一日、九月二二日、一二月二一日、あるいはこれらの日付の近くということになる。こうした日付は各季節の「公式の」はじまりとよく表記されるのだが、王や議会がそのように命じたことは一度もない。やり方が整然としていると、真実に執着すること（本当に季節の始まりかどうか吟味すること）はないがしろにされるものだ。たとえば先に示した資料19では、この原則によって定められた季節を四月、七月、一〇月、一月の各月からはじまる三か月間と無頓着に一緒にしている。

カエサルの改革の時期以降、古代ローマ人は伝統的にこうした基準点をカレンダの八日前に当たる三月二五日、六月二四日、九月二四日、一二月二五日に設定していた。こうした日付は、それから時をさかのぼること約二世紀前に実際に使われていたものだ。教会はこれらの日付をそれぞれ神のお告げの祭日（イエス・キリストの受胎）、聖ヨハネの日、聖ヨハネの受胎（東方では二三日に移動、第6章参照）、イエス・キリストの降誕として暦に組み入れた。しかし西方教会は季節を断食ではじめることを好み、各季節を四旬節の第一日曜日後の水曜日、聖霊降臨日、聖十字架称賛の日（九月一四日）、聖ルチアの日（一二月一三日）からはじめるほうを好んだ。断食は次の金曜日に再びはじまり、土曜日に行われた。[6] こうした日付は英語では四季の斎日（the Ember fasts）として知られている。これはラテン語のクヮットゥオル・テンポラ（*quattuor tempora*）、「四季」がなまったものである（ドイツ語の *Quatember* と比較のこと）。

南半球では夏が北半球の冬に対応し、冬が北半球の夏に対応するものの、ヨーロッパからの移民たちは日付と季節にまつわる北半球の考え方をたくさん持ち込んだ。パパイ・ノエル（サンタクロース）は、重い赤いスーツと白い毛皮を身にまといブラジルの夏の暑さの中に容赦なく放り込まれる。しかしオーストラリアのラトビア人たちは、六月二四日の冬の寒さの中で（バプテスマの）ヨハネの祭日を祝い、羊毛を基本とした国の衣装を身につけることを喜ぶ。

（訳注1） 天動説では太陽も月も惑星と同じように扱われた。

（訳注2） その年の主日文字が仮にAであれば、一月一日が日曜日、もしBであれば一月二日が日曜日ということである。

（訳注3） 一年を三〇日の月が一二個と五つの閏日とし、そして閏年を設けるやり方。

（訳注4） 季節の意。

（訳注5） ヒンドゥー暦の12か月目。

（訳注6） 断食は毎回、水、金、土曜日に行われた。

第6章 その他の暦

ユダヤ暦

現代のユダヤ太陰暦はグレゴリオ暦のような計算、いやそれよりももっと複雑な計算に基づいている。これはバビロン捕囚からもどった後に使われた観測に基づく暦を進化させたものである。それ以前、月にはフェニキアの名前が付けられることもあったが、通常は数が与えられていた。月は春から数えはじめたが、『出エジプト記』では収穫が一年の終わりにやってくるとされている。その暦が太陰暦なのか太陽暦なのか、そしてもし後者だとすれば、それが第5章で論じたバビロン捕囚以後の五二週からなる年とどんな関係があるのか、そうした点についてはまだ定説がない。

バビロン捕囚後、月を数でいう昔ながらの習慣は、しだいにバビロニアの名前（加えてユダヤ人がギリシャ語を話す場合はマケドニアの名前）でいう方法に変わっていった。ニサン月一日に当たる春の新年とティシュリ月一日に当たる秋の新年は、多くの世紀にわたり新年の覇権をめぐり競い続けた。後者は七年間の安息年周期を数えるのに常用されたものだ（七年目には耕作が許されていなかった）。聖書を解釈する際の実際的な目安は、「イスラエルの王たち」は一年をニサンから数え、ほかの王たちはティシュリから数えるというものであるが、例外もあった。最終的な妥協策は「ニサンが月の中の長であり、ティシュリは年の頭である」というものである。ユダヤ教の律法トーラーで大きな祝祭が催されるとして具体的に説明されている諸々の月は春から数えられ、民間用の典型的な年は秋からはじまった。

新しい月が観測によってわかる場合に限られることだが、もしある月の三〇番目の夜、三日月が信頼できる筋から報告され、古代エルサレムの最高法院、大サンヘドリンによって確認されたならば、その日が（日は日没から数えていた）月はじめの日と見なされ、その前日までの月が二九日ある月とされた。新しい月が確認されなければ、それは同じ月の三〇番目の日として扱われ、新しい月は次の晩にはじまった。ある程度の操作は認められていて、断食、とくにユダヤ教の贖いの日[1]が安息日の前日や翌日に重ならないようにすることは行われた（安息日それ自体と重なることにはまったく問題なかった）。この結果、ティシュリ月一日が水曜あるいは金曜日になることはなかった。かなり後になってから、ティシュリ月一日が日曜日になってもいけないという規則ができたのだが、それはティシュリ月の二一日に当たる仮庵《かりいお》の祭（タバナクルズ）の最終日が安息日と重ってしまうことを避けるためである。祭りの最終日に行われる内容は安息日にしてはエネルギーを要しすぎるものだと考えられたのだ。また、どんな年も三〇日ある月が四個を下回らないこと、あるいは八個を超えてはならないという規則もあった。閏年には、この制限は九個に引き上げられた。

閏月の挿入は、春から春へとめぐる一年の最後の月アダルをくり返すことでなされた。その調整をしなければ過越しの祭りが早くきすぎてしまうと思われたのである。西暦七〇年にローマ人によってエルサレム神殿が破壊される前は、時期が遅い過越しの祭りが好まれていたようである。それはエルサレムに着くまでの時間に、余裕を持ちたいという気持ちからであった。その後、例年と比べて時期が早い過越しの祭りがもはや問題を引き起こさないことがわかり、以下の三つの条件のうち、いずれか二つが成り立つときにしか閏調整をしない決まりになった。その条件とは、穀物がまだ実っていない場合、果樹がまだ熟していない場合、そして閏調整をしなければ祭りが春分の日より早くきてしまう場合の三つである。また安息年や安息年の次の年よりも、安息年の前の年に閏年を入れる好みもあった。

過越しの祭りは春分の後でなくてはならぬというのは、キリスト教徒たちの想定とは違い、絶対的な規則ではなかった。もっとも神殿があった間は、祭りはふつう、春分の後に行われていたはずである。ユダヤ人たちは自分たちの規則を守っていないという主張は、ユダヤ人たちがエルサレムのラビに従っていると主張することよりも、ディアスポラの共同体が暦を自分たちでコントロールしやすくしているという主張に言い換えれば正当性が増すというものだ。たとえばアンティオキアでは、ニサンの一四日が、法律で定めた暦の上のデュストロス月の中に収まることが定められていた。デュストロスとはローマ暦三月の地元名である。

証拠はないが伝統の物語るところでは、西暦三五九年、新しい月を見つけるのにそれまで観測に頼っていたものが計算に代わったらしい。エルサレムから新しい月や閏調整のことを告げるために送られた使者たちがローマ人たちによって妨害されていたというのが、その理由だ。しかし実際は、観測や現代の規則とは合致しない計算を含め、さまざまなやり方がその後も長く続いていた。統一が完全になされたのは一〇世紀になってからのことである。

現代のユダヤ暦は二段階で機能する。まず秋のモラードゥ（「誕生」の意、新月のこと）、すなわち秋の最初の朔が見つかると、そこからティシュリ月一日が導き出される。日は二四の等分の時間に分割され、一時間は一〇八〇の「ミニム」から成り立つ。一つのミニムは七六のモーメントゥからなる。日は暦の目的上（民間生活や宗教生活の目的からではない）、日没から勘定し、ふつう、その時刻をエルサレム時刻午後六時ちょうど（グリニッジ標準時で午後三時三九分）として標準化する。朔望月は二九日と一二時間 七九三ミニムとして明確に定められている。したがって一二か月からなる平年は三五四日八時間と八七六ミニムになる。閏年は一三か月であり、その一年は三八三日二一時間と五八九ミニムになる。

閏月があるのはメトン周期の三年、六年、八年、一一年、一四年、一七年、一九年目で、一周期は二三五の月期、すなわち六九三九日一六時間と五九五ミニムになる。周期は紀元前三七六一年一〇月七日（月曜日）、五時二〇四ミニムの天地創造から数えられている。それは真夜中から真夜中までを一日と数えるわれわれの計算では、日曜日の六日、午後一一時一一分二〇秒に当たる。したがってY年の新月は、理論のうえで経過したと見なされる（Y－1）年間に含まれる日数、時間数、そしてミニム数分、天地創造の後に起こるということだ。

いったん新月が発見されると、ティシュリ月一日に相当する日がその前のティシュリ月一日と次のティシュリ月一日との関係から所定の範囲内に定められる。一年の長さには次の六つの可能性がある。

不足する平年	三五三日	不足する閏年	三八三日
通常の平年	三五四日	通常の閏年	三八四日
過剰な平年	三五五日	過剰な閏年	三八五日

新月の日を基にティシュリ月一日が指定される場合、以下四つの規則に従わなくてはならない。

(i)もし新月が一八時(正午)以降に当たった場合は、ティシュリ月一日は一日延期される。

(ii)ティシュリ月一日は日曜日、水曜日あるいは金曜日であってはならない以上、もし新月がこれらの曜日に当たったとき、あるいは規則(i)を適用してそうなった場合、各曜日はそれぞれ月曜日、木曜日、土曜日に延期される。

(iii)平年において新月が火曜日の九時二〇四ミニム以降に現れた場合は、ティシュリ月一日を木曜日に移す。そうでないと規則(i)と規則(ii)の下、一年が三五六日になるからである。

（iv）閏年の翌年において、新月が月曜日の一五時五八九ミニム以降に現れた場合は、ティシュリ月一日は火曜日に延期される。そうしないと、ある火曜日の正午を過ぎてはじまったに違いない前年が三八二日しかないことになるからである。

ティシュリ月一日が延期される日数（〇日、一日、二日）に応じて、前年は日数が例年と比べ不足に、あるいは同じ数に、あるいは過剰になる。

月の構成は以下のとおりである。ティシュリ（三〇日あり）、ヘシュヴァン（以前はマーヘシュヴァン：二九日、過剰な年には三〇日）、キスレウ（三〇日、不足する年には二九日）、テベテ（二九日）、セバテ（三〇日）、シュヴァト（三〇日）、アダル（二九日）、ニサン（三〇日）、イッヤル（二九日）、シワン（三〇日）、シヴァン（三〇日）、タンムズ（二九日）、アブ（三〇日）、エルル（二九日）。閏年にはアダルが三〇日となり、その後に二九日からなる第二アダル（アダル・シェィニー）が続くのだが、この月はアダル月からプリム祭の祭りを引き継ぐ。

ユダヤ暦の日付をグレゴリオ暦の日付に、あるいはその逆方向に変換するための簡単な公式は存在しない。しかしニサンの一五日（現在理解されている過越し祭の日）をユリウス暦で知る公式はあり、数学者のC・F・ガウスが発見した。それは『ユダヤ百科事典』ならびに『オックスフォード・年事典』の八五一～八五二頁に詳細に述べられている。この日はつねにティシュリ月一日から二三週と二日分前である以上、月曜日、水曜日、金曜日に当たることはない。

イスラム暦

イスラム化以前、アラブ人はふつうの太陰太陽暦を用いていた。その暦はセレウコス紀元（第7章参照）と結びつき、ビザンティン帝国の法律上の暦における新年初日の九月一日から数えられていた。しかし預言者ムハンマドが現れ、月と季節の関係を断ち切る。そのために行われたのが閏調整を禁じること、純粋に天体の月に頼ること、そして信頼できる目撃者によって夜空に新しい月が観測されたときに月をはじめることであった。その結果、イスラム暦の一年は一二の太陰月からなり、太陽とのずれを修正しないものになった。三三のイスラム年が二、三日の差があるものの西洋の三二年分に相当した。

月の名は一月からムハッラム、サファル、ラビー・アルアッワル、ラビー・アッサーニー、ジュマーダ・アルアッワル、ジュマーダ・アッサーニー、ラジャブ、シャーバーン、ラマダーン、シャッワール、ズーアルカーダ、ズーアルヒッジャである。日付は連続して順ぐりに数えられる。しかし古典アラビア語には別のやり方があり、それによると月の最初の日が（日中において）「一晩が過ぎ去った」と表現され、「何晩過ぎ去った」というかたちで一四日まで続いていく。一五日が「真ん中」、一六日は「一四晩残っている」とよばれ、最後に至るまで数を減らしていく。

予測できない観測に基づく暦が天文学には無益であるため、一つの理論モデルが考案された。それは奇数の月が三〇日、偶数の月が二九日あって、全部で三五四日になるモデルである。朔望月は実際二九日と半日よりも若干長いため、そのモデルにおける一年は一二の月期分に〇・三六七〇八日分、すなわち八時間四八分三六秒よりも若干少ない値分、足りない。それを補うため、年によっては最後の月を二九日ではなく三〇日にしている。この追加日は現在のところ、三〇年周期で一一回、すなわち二年目、五年目、七年目、一〇年目、一三年目、一六年目、一八年目、二一年目、二四年目、二六年目、二九年目に置かれている。追加日のおかげで不足分は〇・〇一二四日＝一七分五一・三六秒までに縮まっている。しかしイスラムの歴史を通じてこれが統一的な習慣になったことはない。

イスラムの年は、セレウコス紀元九三三年タンムズ月一六日、すなわち西暦六二二年七月一六日、預言者ムハンマドがメッカからヤスリブ（現在のメディナ）へ旅立ったアラブ年の初日から数えられている。「旅立ち」を表すアラビア語がヒジュラ（*hijra*）であるので、その紀元はヒジュリー（*hijrī*）とよばれている。しかしとくに古い記録によると、その紀元は前日の七月一五日から数えられている可能性があり、こちらのほうが天文学者たちの間の慣習として残った。彼らは日没にではなく正午に一日がはじまると考えていた。法律上の暦が太陽暦であるイランでさえ、紀元開始の年は依然として聖遷の年である。

理論でつくり上げたイスラム暦とグレゴリオ暦との間の換算方法を知るためには『オックスフォード・年事典』の八五四～八五五頁を参照のこと。しかし書類や記録に載っているイスラムの日付が対応する実際の西洋の日付は、そうした方法で得られたものとは違うかもしれないし、週の曜日がわからなければ（しばしばそうであるが）、そもそも知り得ないのかもしれない。両暦の一致をめざして調整されたほうがよい。

ギリシャ暦

古代ギリシャ文明は多文化共存的なシステムだった。すなわちどの都市も固有の方言、アルファベット、祝祭、法律を持っていたものの、同時にほかの都市もギリシャだと認めていた。当然、暦にもさまざまなものが存在した。ローマ時代よりも前、これらの暦は皆、少なくとも理論上は太陰太陽暦であって、各都市が必要に応じて一月分くり返した。月の名前で流布したものもいくつかあったが、統一的なシステムはなかった。都市が異なれば同じ月期でも違う名前でよばれたり、同じ名前が違う月期に適用されたりしたのである。またどの月期から一年をはじめるか、あるいはどの月期を閏調整のためにくり返すかについても合意はなかった。

都市によっては一月《ひとつき》の真ん中の一〇日間を最初の一〇日間とは別個に数えることがあったし、大半の都市で月末が近づくと数を減らすかたちで日を数えた。月の最後の日はそれがまだ二九日であったとしても、通例トゥリアカス（*triakás*）、すなわち三〇日とよばれた。アテネでそれに当たる言葉はヘネー・カイ・ネアー（*hénē kai néo*）で、その意味は「新旧の（日）」である。しかしマケドニアの暦、少なくともアレクサンダー大王の征服後にアジアやエジプトで用いられた類の暦では、日付は一から三〇まで連続して数えられ、二九日しかない月では二九日が省略された。

どの都市が観測に頼り、どの都市が計算に頼っていたかはわからない。しかし政治上の、あるいは行政上の都合によって、日付の規則的な連続性への介入があったかもしれないということはわかっている（喜劇詩人アリストファネスは、おなかのすいた神々が祝祭のために現れ、自分たちが違う日に祭られていることに気づくという場面を想像している）。その結果、日付でさえ都市の間で一定ではなかった。紀元前四七九年、アテネにおけるボエドーロミオン月四日が、ボイオーティアではパナーモスという月の二七日に相当した。紀元前四二二年、アテネにおけるエラペーボリオーン月の一四日がスパルタではゲライスティオスの一二日だった。ところが一年後には、エラペーボリオーン月の二五日がアルタミヒオス月の二七日となった。ヘロストラトスがエフェソスのアルテミス神殿に火を付けたのが、アレクサンダー大王が生まれた日と同じだという報告は完全な虚構ではないにしても、概念的に対応する月の同じ日付であったということしか意味しないのかもしれない。われわれはいつ起こったか日付のわかっている食の手を借りなければ、アッテカ（すなわち、アテネ）の日付さえユリウス暦に変換することはできない。ほかのどの暦よりもわれわれになじみあるアッテカの暦にしても、そうなのである。

天文学者たちは三〇日と二九日を交互にくり返す太陰暦を、周期を頼りに挿入を決められる閏月と一緒に使い、それぞれの月をアッテカ名かマケドニア名でよんでいた（枠囲み参照）。命名は月の文化的、政治的な意義を踏まえて行っていたのであって、彼らはアテネやアレクサンダーが征服した場所（そこがどこであれ）で実生活のために使われていた暦のことを念頭に置かなかった。

アッテカの月名とマケドニアの月名

アッテカの最初の月ヘカトバイオーンは夏至の後、最初の新月からはじまった。閏調整はふつう、ポセイデオーン月をくり返すことでなされた。ほかならぬマケドニアで機能していたマケドニアの暦がどのようなものかについてはほとんどわかっていないのだが、どうやら最初の月はディーオスで、それは秋分の後にはじまったようだ。閏月についてもわかっていない。次の表での対応はそれほど厳密なものではない。ただこのように対応させることが多いだけである。

アッテカ	**マケドニア**
ヘカトバイオーン	ローオス
メタゲイトニオーン	ゴルピアイオス
ボエードロミオーン	ヒュペルベレタイオス
ピュアネプシオーン	ディーオス
マイマクテーリオーン	アペッライオス

ポセイデオーン	アウデュナイオス
ガメーリオーン	ペリティオス
アンテステーリオーン	デュストロス
エラペーボリオーン	クサンディコス（クサンティコス）
ムーニュキオーン	アルテミシオス
タルゲーリオーン	ダイシオス
スキロポリオーン	パネーモス

エジプトを支配したマケドニア人たちは、マケドニア暦をエジプトで使われていた太陰太陽暦の宗教暦に近づけようと試みた。その作業は自分たちの力量を上回ることがわかり、紀元前二世紀までに彼らはエジプトの法律上の暦における月の名にマケドニア名をただ当てはめるだけに止めた。彼らが容易に事を運べたのは彼らがバビロニアにいたときで、それは地元の暦がより理解しやすいものだったからだ。その地で月にはマケドニアの名前が付けられ、ニサヌ月がアルテミシオスという名になった。春の新年は維持され、セレウコス紀元による年は近東の

ほかの地域で使われていた年よりも六か月遅れたままになった。たとえばバビロニア暦によるセレウコス朝の元年（メトン周期の最後の年に当たる）は、紀元前三一一年アルテミシオス／ニサヌ月の一日にはじまった。この暦はバビロニアがパルティア人の支配下に落ちたときにも継続して使われたが、西暦一七年以降はマケドニア名がバビロニアの月から一か月遅れるかたちで適用され、アルテミシオスが今度はニサヌではなくアイアルになった。ユダヤ人の歴史家ヨセフスがユダヤ月にギリシャ語で名前を付けるのは、こうしたことに基づいている。

ローマによる征服時代には多くの都市が、名前は違ったにせよ、また新年の開始が異なっていたにせよ、ユリウス暦を採用した。それゆえアンティオキアでは一〇月がヒュペルベレタイオスとよばれ、その月から新年がはじまった（それはシリア語を話す人々の間で続いた）。これが五世紀中葉になると、新年開始はゴルピアイオスの一日（九月）へと戻される。ほかの都市ではユリウス暦の原則に基づいた暦を採用し、月はユリウス暦の名前になった。したがってアジア属州では月がローマ暦、カレンヅの九日前にはじまり、新年はアウグストゥスの誕生日である九月二三日にはじまった。これが東方教会の教会用の新年のはじまりとして残る。東方教会は洗礼者ヨハネの受胎をこの二三日に祝い、二四日に祝う西方教会とは一線を画している。

ガリア暦

一八九七年ガリア語（カエサルの侵略当時に話されていた言語）で書かれた暦の断片がフランス、アン県のコリニーで見つかった（資料20）。その断片はこれまで多くの研究や研究に勝る数の議論の主題となってきたが、明白だと思われる点は、刻印そのものが六二の太陰月からなるクウィンクウェニウム（quinquennium）、すなわち五年周期（一年目のはじまりと三年目の真ん中に閏月が入る）を表していること、そして各月が半分に分かれ、前半の一五日の部分と後半の一五日（または一四日）から成り立っていることである。両半分とも日は順ぐりに数えられているのだが、順番が替わっている日もあり連続性が乱れている。そうした順番替えは月をまたいでも行われている。また、五年周期が複数組み合わさってできたより大きな周期もあった（もともとは三〇年周期、後にどうやら二五年周期になったようだ）。その周期において、五年周期中の初年における最初の閏月は省略されている。

暦はしだいに太陽に迫っていった。もっとも短い期間を取ってみれば、この事実は太陰年と太陽年との間の避けられないずれによって明らかにはならなかった。原則として平年の最初の月であるサモニオスは冬至にはじまることになっていたが、実際には周期によって少しはじまりが早まることもあった。サモニオスという名は「夏」を表すケルト語に関連している。同様にグラモニオスとよばれる七番目の月は原則、夏至からはじまるのだが、それは、「冬」を表

資料 20　コリニーから出土したガリア暦.
フランス，リヨン，ガリア - 古代ローマ美術館

す語に由来した。これらの名前は、それぞれの季節の終わりに至を祝うことに結びついていたようだ。

ヒンドゥー暦

インドの宗教的な祝日はいまだに多くの地方の暦によって決定されている。その暦はすべてではないが大半が太陽暦か太陰暦かである。一九五七年に至るまで、一年は太陽暦で直接、定められ、太陰暦を修正する基になっていたが、その一年は回帰年ではなく恒星年であった。一年は一二の月に分割され、各月は太陽が一つのラシの中にいることに対応した。ラシは西洋(および中国)の十二宮のような黄道の慣習的な区分けではなく、実際の星座を指していた。改革の結果、太陽暦の一年は回帰年を利用することになり、ラシは黄道の固定した部分、すなわち一九五七年にしかるべき星座によって占められていた部分に対応するようになっている。

太陽暦では一日は日の出からはじまり、一月は場所に応じて太陽が新たなラシに入った日か、その翌日、あるいは(場合によっては)さらにその翌日からはじまる。月は対応するラシの名前を担うが、ベンガルとタミル・ナードゥ州だけは太陰暦の名前を用いている。

太陰暦では月は二つの「翼」、すなわち半分ずつに分かれる。一つは新月から満月までの「明るい」(満ちていく)半分、もう一つは満月から新月までの(欠けていく)「暗い」半分である。月の名前には標準的なセットがあり、理論上、名前の一つ一つが特別のラシに呼応する。そして実際には、各月の名前は新月のときに太陽が位置するラシの名前に対応している。南部および理論天文学では、一月は明るい半分からはじまる。しかし北部では暗い半分からはじまり（閏月でない場合である。枠囲みを見よ）、新月まで月の名前は一つ分、南部より先を行く。したがって北部の暗いマーガ（Magha bright）は南部の暗いパウシャ（Pausa dark）に対応するが、両方ともその後に続くのは明るいマーガ（Magha bright）である。

月の追加と削除

原則として、太陽は各月の途中で新しいラシの中に入る。それに関して条件が二つある。

（a）もし太陽が連続する二月《ふたつき》、両月の初日において同じラシにある場合（南部計算による）、はじめの月は閏月であり、後に続く通常月と同じ名前を担う。北部でもこのとき、閏月であるが、その閏月は通常、月の真ん中に割り込む形で入り、その結果、その閏月は、明るい半月からはじまることになる。その点は暗い半月からはじまるほかの月とは異なる。

(b) 冬になって太陽が一月《ひとつき》の間に二つのラシに入るとき(再度、南部計算による)、最初のラシに対応する月の名前は削除される。こうして同じ名前が北部と南部で削除される。

半月のそれぞれ初日は、新月あるいは満月の次の日である。その後、日は一般に、日の出と同じ時刻のティティ(*tithi*)に従って数が付けられる。ティティとは月が太陽から一二度、移動するのに要する時間である。時に一日を省かなくてはならないこと(ある一つのティティの区分が日の出後にはじまり、次の日の出前に終わる場合)、あるいは一日をくり返さねばならないこと(一つのティティの区分が日の出前にはじまり、次の日の出後に終わる場合)がある。日付の不規則性が曜日に影響を与えることはない。七日の日曜日の翌日はつねに月曜日である。たとえそれが八日でなく、九日またはふたたび七日であったとしてもそうである。

用いられている紀元は多くあり、その大半が経過した年数を数えるのだが、紀元開始の日はさまざまである。最も広く使われているのがシャカ紀元であり、それは太陽暦と太陰暦の両方を用い、西暦七八年を最初の年とするものである。さらに挙げておくべき紀元にはヴィクラマ紀元とカリユガ紀元がある。前者は太陰暦を用い紀元前五八年を最初の年としている。後者は四三二〇〇〇太陽年からなるもので、紀元前三一〇二年二月一八日からはじまっていて、紀元の終わりには世界が新しい時代に入ることになっている。

木星の公転周期に基づく暦もある。周期は一一・八六二年で、公転が五回分で約六〇太陽年に相当する。

一九五七年以降、インドは宗教とは関係のない目的のために二つの暦を認めている。すなわちグレゴリオ暦と、シャカ紀元で数えているインド国定暦である。後者は太陰暦の月名を用い、一年は三月二二日から（グレゴリオ暦の閏年には三月二一日から）はじまる。

イランの暦

アケメネス朝の王の碑文からは、月の名前は違うもののバビロニアのものに似た太陰太陽暦がどうやら使われていた（ひょっとすると独自の閏調整をもっていたかもしれない）ことが伺える。それ対してアルサケス朝パルティア（紀元前二四七年から西暦二二六年）と、それに取って代わったペルシャのササン朝では、インドのパールシーなどのゾロアスター教徒にまだ使われていた太陽暦が用いられていた。一年は三六五日の移動年であり、三〇日の月が一二個

（数は付せられなかったものの、その月を支配する精神にちなんで名が付けられていた）と閏日五日分から成り立っていた。その五日の名前はそれぞれガーサー、すなわちゾロアスター教の讃美歌の五つのグループにちなんだものである。この暦はそれ以前の五、六年おきに閏月を入れた三六〇日からなる暦に取って代わったものらしい。

エジプトの一年が原則としてシリウスの日の出前出現からはじまるのと同じように、理論上、イランのナウルーズ、すなわち新年最初の日は春分である。しかし移動年が太陽より先行したため、西暦六三二年のナウルーズは六月一六日となった。その日付を数えはじめとするのがゾロアスター教紀元であり、イスラム化以前の最後の王ヤズデギルド三世の即位年（第7章参照）から数えられている。

儀式上の要請から閏調整が一二〇年ごとに行われたという報告がある。[2] 調整の後、閏日は一つ先の通常月の後に置かれ、やがて閏日の入る場所が一年の正しい時期にもどるように計画されたらしい。しかし八回目の閏調整が行われた後、その習慣は戦争や混乱のせいで中断に陥る。そのために閏日は八番目の月の最後に来ることが続いた。すべての学者がその伝統の存在を信じているわけではないが、ササン朝の下で閏日を後に遅らせたのは一つの事実である。閏日はヤズデギルド紀元の三七五年までもとの位置にもどされることはなかった。その年にはナウルーズと西暦一〇〇六年三月一五日の春分点が不吉にも重なり、閏日がもとの年末の場所にもどされた。
一二世紀初頭、イランのパールシー教徒たち（ゾロアスター教徒たちは別である）が季節と暦を一致させるため閏月を一つ（閏日を移動することなく）入れた。しかしそれがくり返されることはなかった。一七四六年、閏調整を取り消すことでパールシー暦をイランのゾロアスター教徒たちに使われていた暦とふたたび一致させようという提案がなされた。しかしその提案を受け入れた者たちは少数派であった。けれどもその暦（「カディーミー」暦、すなわち「以前の」暦）は多数派のシェンシャイ（Shenshai：「帝国の」暦を意味すると理解されている）とは別個に今日まで存続している。このため、ヤズデギルド紀元の一三七四年がはじまった日は、シェンシャーイ（暦）では二〇〇四年八月二〇日、カディーミー暦では七月二一日に当たる。

一九〇六年、ファスリー（Fasli：「季節の」という意味）暦、もしくはバスタニ（Bastani：「古代の」という意味）暦とよばれる第三の暦が提唱された。この暦では年の初日がふたたび春分の日になり、グレゴリオ暦の閏年には六つ目の閏日が追加された。ほとんどのパールシー教徒たちは、宗教に反するとしてこの暦改革を拒んだが、対照的にイランでは、大半のゾロアスター教徒たちがこの暦を現在までに受け入れている。その理由は正にこの暦が一九二五年レザー・シャーによって導入され、一九七九年のイスラム革命後も維持されている法律上の暦に近いものであるからである。

この暦では一年最初の六か月（ファルヴァルディーン、オルディーベヘシュト、ホルダード、ティール、モルダード、シャフリーヴァル）各々に三一日が与えられ、春分から秋分までの時間の長さに合うようになっている。次の五か月（メフル、アーバーン、アーザル、デイ、バフマン）は各々三〇日あり、また平年の最後の月（エスファンド）は二九日しかない。三〇番目の日は、一一世紀に提案された規則に原則として従い加えられる。その規則によると平年は太陽が正午前に白羊宮に入る日に始まる年と定義され、閏年は正午後にそうなる日に始まる年だと定義されている。追加日の挿入は通常、先行する閏年の四年後に行われたのであるが、時に五年後のときもあった。しかし実際には、ある複雑な周期がすでに計算されてしまっている（枠囲み参照）。紀元は西暦六二二年三月二一日の聖遷ヒジュラ（ペルシャ語ではヘジュラットと発音される）の前の春分から数えられている。

ヒジュリ太陽暦における閏年の置き方

閏年をどこに置くか（置閏法）は二一八〇年の大きな周期に支配されていて、その周期は次の順番で成り立っている。

一二八年に達する以下の周期が二一個：
二九年の小周期が一つ　　三三年の小周期が三つ

一三二年に達する以下の周期が一個：
二九年の小周期が一つ　　三三年の小周期が二つ　　三七年の小周期が一つ

各小周期において五年目と、その後は四年ごとに閏年がある。

現在の大周期はヒジュラ紀元四七五年＝西暦一〇九六～七年から数えられている。現在の一二八年周期はヒジュラ紀元一三七一年＝西暦一九九二～三年からはじまった。

中国暦

中国の暦は太陰太陽暦であり、メトン周期と天文学的計算によって支配されている。計算は一六四四年にイエズス会士アダム・シャールが行ったのを筆頭に、これまで何度も洗練し直されてきた。一日は真夜中、最初の子《し》（一日の一二分の一）の期間の途中ではじまる。北京の経度において、最初の子《し》の期間中のどこかで（仮に真夜中の直前であっても）太陽と月が合となることが計算で得られたなら、それを月のはじめとする。法律で定めた一年の最初の月（天文学上の一年における三番目の月）は冬至に当たる月の後、一番目の月期に対応する。

現行の規則で一三番目の月が加えられるのは、西洋の「黄金数」周期から九年遅れたメトン周期の三年目、六年目、九年目、一一年目、一四年目、一七年目、一九年目である。くり返される月は冬の月（一月、一一月、一二月）ではなく、その月の間中、太陽が同じ十二宮にとどまり続ける月である。それは分点と至点が二月か五月か八月、あるいは一一月になければならないという規則から来ている。この規則が破られようものなら、閏調整は翌年の二番目の月の後まで延期されることになる。

中国暦は帝国数学委員会によって二〇二〇～一年まで計算されていた。この暦は一九三一年に（グレゴリオ暦を強制した）国民党によって禁止されたが、この禁止にせよ「迷信」を禁じる共産党運動にせよ、中国本土において人間の知の営みを抑圧することはできなかった。まし

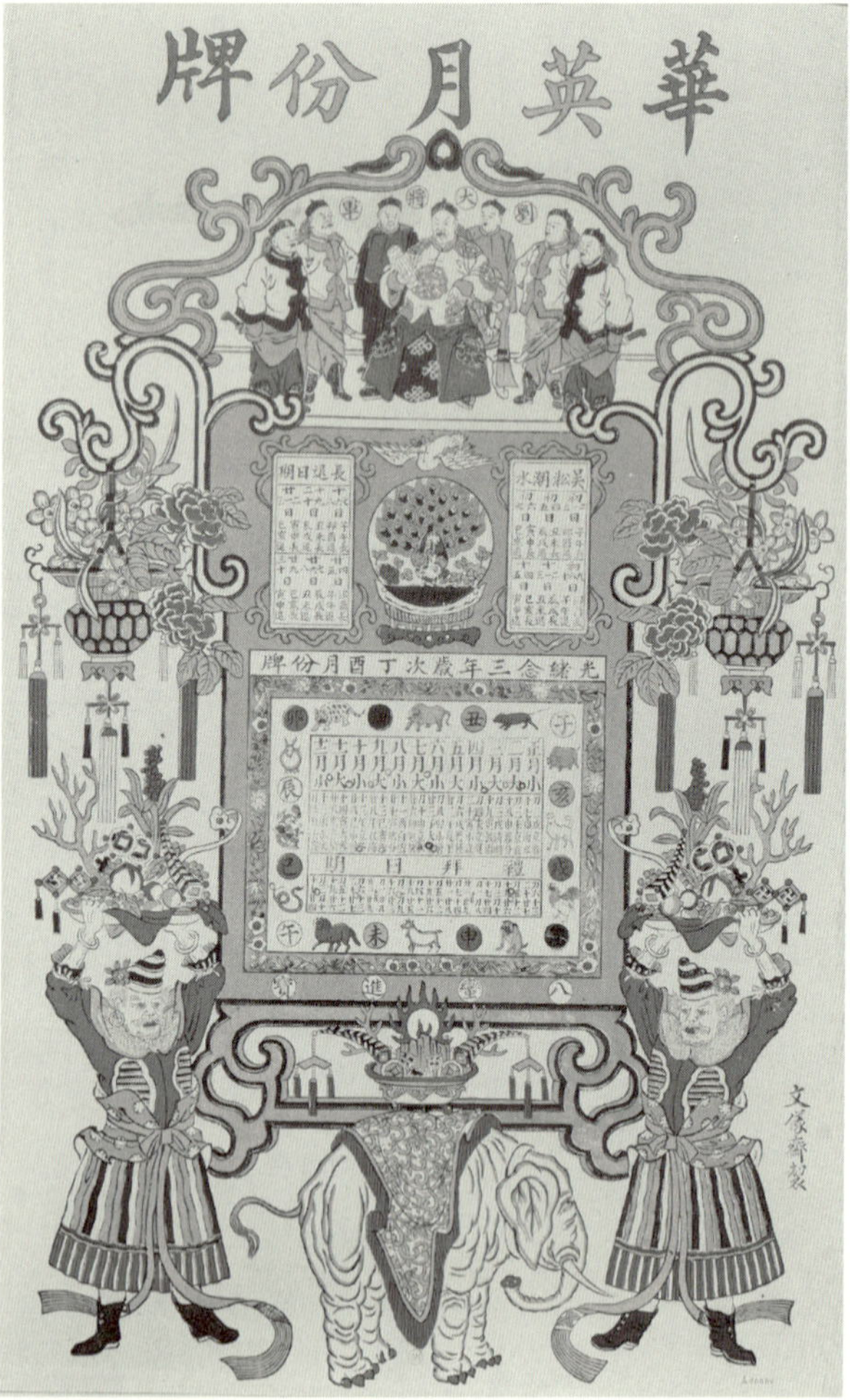

資料21　中国暦.
パリ、フランス国立図書館　© ロロス／ジロドン／ www.bridgeman.co.uk

てや香港（一九九七年まで英国の支配下）や海外にいる中国人に影響を与えることはなかった（資料21）。

太陰暦のかたわらには、連続した二四の「太陽期間」があり、一つが太陽暦の半月に当たるその期間は太陽が十二宮の一つに入るか、その中点に達するときにはじまる。さまざまな祝祭がこうした期間と結びついていて、とりわけ「清明」節は、太陽が牡羊座の途中にあるときに祖先の墓を訪ねる祭りである。さらにまた、六〇という数の周期もあり（第7章参照）、年、月、日、子に用いられている。

中国暦と似ていて、計算は各首都の経度でなされる暦が、韓国、日本、ヴェトナム、チベット（満月から計算）で現在、使われていたり、過去に使われたことがある。

メソアメリカ暦

コロンブスのアメリカ大陸発見以前、中央アメリカにおける時間計測は宗教と密接に結びついていた（資料22）。計測の基本は標準となる二六〇日の一定した周期であり、より小さな一三日周期と二〇日周期を組み合わせたものであった。

その大きな周期を、現代の学者たちはそのユカテク族のマヤ語名からツォルキン（*tzolkin*）とよぶことが多い。しかしそうよんでしまうと、一つの言語を別の言語よりも優先することに

資料 22　ピエドラ・デル・ソル．これは暦，天文学，宗教それぞれの間の関係を具体的に示している．外側から数えて最初の輪は星が散りばめられた天空を表し，第二の輪はケツァルコアトルと夜の神テスカトリポカ，そしてプレイアデスを表す．第三の輪は 20 日周期法での日を，また第四の輪は過去にあった「太陽」（太陽とは紀元のこと）の印を表す．中央には太陽神トナティウラがいて，その舌はアステカの生贄ナイフを想起させる．舌の両側には生贄にされた者達の心臓を持ってきた鷲がいる．

なる。たとえばアステカ族が話すナワトル語では、トナルプフアーリ（*tonalpuhualli*）と違ったよび方をされるからだ。対照的にこの周期を構成するより小さな周期の方は、トレセーナ（*trecena*）とヴェインテーナ（*veintena*）というスペイン語の名前が与えられ、各々トレセ（*trece*）「一三」、ヴェインテ（*veinte*）「二〇」に由来する。一三日周期上で日は一から一三まで数が付いている（二から一四までという場所も少しある）。二〇日周期における日には名前があり、その名前は言語によって異なり、また必ずしも同じことを意味しなかった。たとえば三日目はナワトル語ではカリ（**Calli**：「家」を意味）だが、ユカテク語ではアクバル（**Akbal**：「夜」を意味）であった（資料23ⓐ）。それでも二つの名前が同じ日を表すのは、ちょうどフライディ、ヴァンドレディ、セスタ・フェイラ、ケナプラ、パラスケヴィ、ピョンテックが同じ曜日を表すのと同じである。

一三日周期と二〇日周期は並行して使われた。すなわち二六〇日周期の最初の日は、「ワニ」を意味するシパクトリ **Cipactli**（ナワトル語）／イミシュ **Imix**（ユカテク語）の一日、二日目は「風」を意味するエエカトル **Ehecatl**／イック **Ik** の二日、一三日目はアカトル **Acatl**／ベン **Ben**（「杖」を意味）の一三日、一四日目はオセロットゥル **Ocelotl**／イシュ **Ix**（「アメリカヒョウ」を意味）の一日、二一日目はシパクトリ **Cipactli**／イミシュ **Imix**の八日と続き、周期

(a) (b)

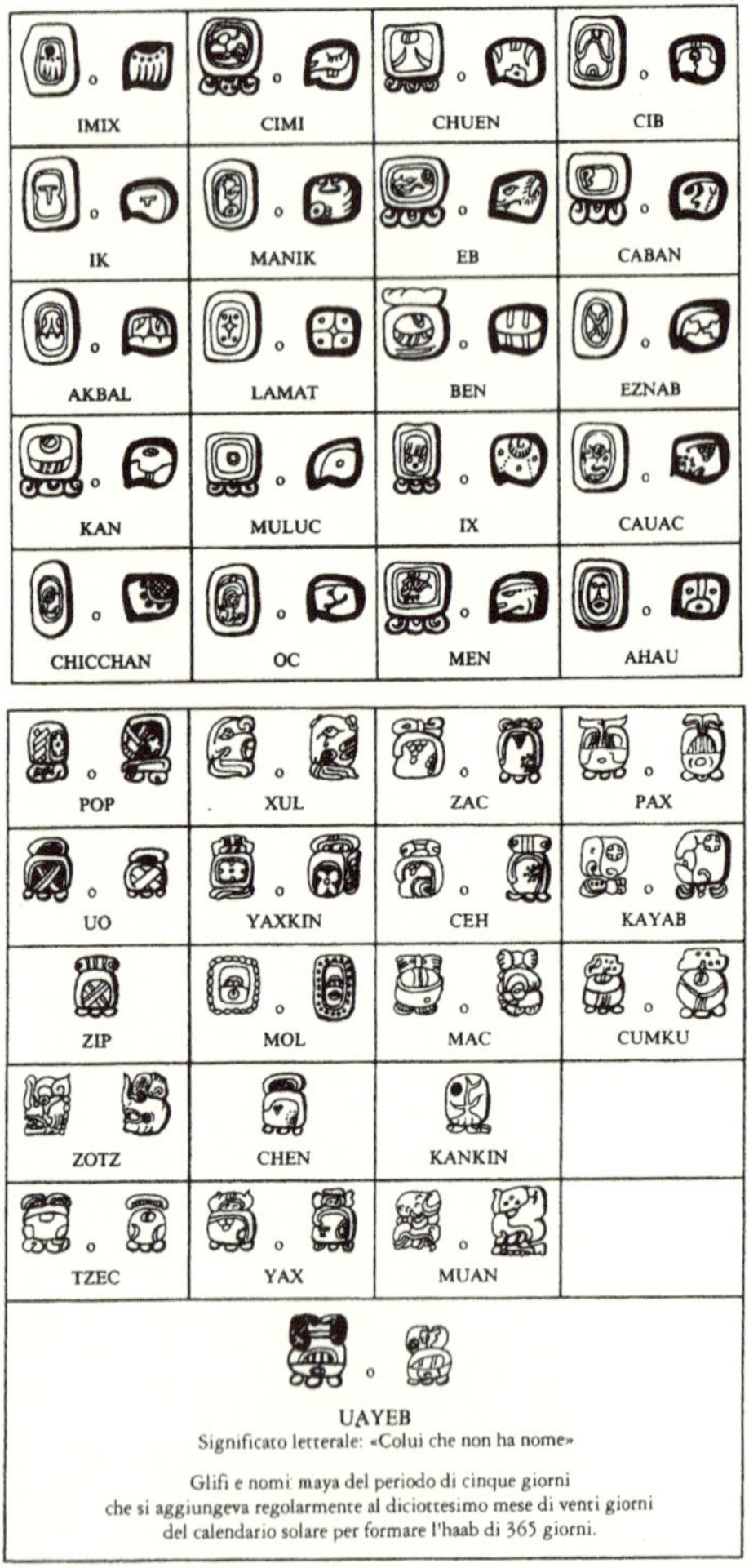
IMIX
CIMI
CHUEN
CIB
IK
MANIK
EB
CABAN
AKBAL
LAMAT
BEN
EZNAB
KAN
MULUC
IX
CAUAC
CHICCHAN
OC
MEN
AHAU
POP
XUL
ZAC
PAX
UO
YAXKIN
CEH
KAYAB
ZIP
MOL
MAC
CUMKU
ZOTZ
CHEN
KANKIN
TZEC
YAX
MUAN
UAYEB
Significato letterale: «Colui che non ha nome»
Glifi e nomi maya del periodo di cinque giorni
che si aggiungeva regolarmente al diciottesimo mese di venti giorni
del calendario solare per formare l'haab di 365 giorni.

資料 23　マヤの名前（a）20 日周期の中の日；（b）太陽年の月

の終わりはショチトゥルXochitl（「花」）／アハウAhau（「神」）の一三日であった。

この周期に加えて各コミュニティには、そのコミュニティ独自の太陽暦があった（資料23(b)）。その構造はずっと一定していて、三六五日の移動年は単位となる二〇日間が一八個（その単位となる期間は「月」を表す現地の言葉によってよばれた）と、最後に置かれた五つの不運な追加日から成り立っていた。しかし月の名前や日付に種類があっただけでなく（暦によっては一から二〇と数えるのではなく、〇から一九と数えるものもあった）、各コミュニティが自ら選んだ日から数えはじめることもあった。その結果、ある土地で年の初めに当たる日が、別の場所ではその日が月の初日ですらない可能性もあった。

コロンブスのアメリカ大陸発見前の暦にもどそうという国家主義者たちの反論があったにもかかわらず、閏年というものが車輪と同様にコンキスタドールたち（征服者たち）によってもたらされた。コロンブス以前には一つの暦が、一日遅れで、あるいは一か月早くはじまる新たな暦に取って代わられることがあったかもしれない。とはいえ、取って代わられた後は、一年は以前と変らぬ三六五日を保っていた。

年のはじめの日、あるいは三六〇番目の日が二六〇日周期のどこにあるかに従って、その年に名前が付けられた。太陽年はその周期よりも一〇五日分長いゆえに、また105＝8×13＋1≡5

×20＋5となるため、年を示す言葉における数を表す部分は年が一つ進むにつれて一つ増えるわけだが、日の名前は二〇日周期の上で五つ場所が進むのだった。さらに5×4＝20より、どんな暦でも年を記すのには、（「年の運搬者」として知られた）四つの日名しか用いることができなかった。こうして年を表す名前が五二あった。これを使い切ってしまった場合には、めでたく新たな「カレンダー・ラウンド」というものがはじまった。

マヤ文明の聖都ティカルでも一八か月、すなわち三六〇日からなり、つねにアハウの日で終わるトゥン（*tun*）とよばれる暦の周期を認めていた。トゥンが二〇個でカトゥン（*katun*）、カトゥンが一三個でマイ（*may*）となり、カトゥンが二〇個でバクトゥン（*baktun*）と現代の学者がよぶ単位を構成した。マイが二〇個、あるいはバクトゥンが一三個集まって長期暦（ロング・カウント）を構成し、全部で一八七万二〇〇〇の日数になった。この長期暦はオルメック人によって（きっと紀元前三五五年に）制定されたのだが、その前の長期暦の最後のトゥンが完結してはじまったのだ。長期暦の中で日は経過日数を計算し、何バクトゥン、何カトゥン、何トゥン、何か月、何日過ぎたかによって、そして最終的には一年の中の日付によって識別された。現在の長期暦はその前の分が終わったときの〇〇〇〇[3]アハウの四日クムクの八日とよばれる日（紀元前三一一四年九月六日に対応）からはじまり、一三〇〇〇〇アハウの四

日、カンキン月の三日（＝二〇一二年一二月二一日）、冬至の日に終わることになっている。〈4〉

天文学上の目的からは、さらに長い時間の単位も認められていた。すなわちバクトゥンが二〇個集まって一ピクトゥンになり、ピクトゥンが二〇個集まって一カラブトゥンが二〇個集まって一キニチルトゥン、キニチルトゥンが二〇個集まって一アラウトゥンという単位になった。一アラウトゥンは二九九五二〇〇〇〇〇〇日に相当する（つまり二〇進法）。したがって現在の長期暦の最後の日として先に記した日付は、仮にこの長期暦がいまも残っていたとしたら、一（キニチルトゥン）一一（カラブトゥン）一九（ピクトゥン）一三〇〇〇〇のアハウの四日、カンキン月の三日と改めて表記される可能性もあったことだろう。


（訳注1） ティシュリ月の一〇日に当たる。

（訳注2） 春分の前の時期。

（訳注3） 五桁〇が並んでいるが、いちばん上の桁から一桁ずつバクトゥンの数、カトゥンの数、トゥンの数、月数、日数を示す。

（訳注4） 本が出版されたときは二〇一二年に、まだなっていなかった。

第7章
年を記すこと

われわれは標準となっている紀元上の数で年を記すことにあまりに慣れているため、別の文化が違う紀元を用いていることは理解できても、紀元をまったく使っていないと聞けば驚いてしまう。だが古代世界において、紀元は知られていないということはまったくなかったけれども、年を記すための最も典型的な手段ではなかった。また紀元が使われる場合には、その紀元は純粋に地域的な意味合いをもったものであることが多かった。

農耕社会において、年は記録に値する出来事で特定されることが多い。たとえば収穫がきわめてよかったとか悪かったとか、そういう出来事である。これは初期のエジプト王朝でもまだ用いられた方法であったし（資料24）、いまでも一六六五年を指す「疾病年」という言葉に残っている。その方法には明らかに不利な点もある。大して何も起こらなかった年は、何かが起こった年との関係において以外に識別の仕様がないし、そのようにして識別するにしても短い範囲に限られてしまう。

出来事と出来事との間の経過年を記すのも書かれる年代記が特筆すべき出来事を扱っていない限り、難しいものである。特筆すべき記録もないとき、初期のギリシャ人たちは、ある出来事が三世代前に起こったと文字どおりの意味で記したかもしれない。たとえば、「その戦争は私の曾祖父の時代に起こったのだ。なぜなら祖父が自分はその戦争で孤児になったと私に話したからだ」という具合である（後世の歴史家たちは世代数を年数に変換し、時に三〇年を一世代分に、また一〇〇年を三世代分に当てて長く忘れ去られていた経験に偽りの正確さを与える）。

こうした行き当たりばったりの方法はやがて、どんな年をも特定する方法にかわっていく。その方法にはエポニム、即位紀元、周期、そして紀元がある。

エポニム（名祖《なおや》）

エポニム、すなわち、ある期間を表すためにその名が用いられる人、具体的には執政官ということになるのだが、彼らが年間職を持っているため、彼らにちなんで年は、たとえば「Xがその職に就いていたとき」のようないくつかの決まり文句で指定された。アッシリアにおける

資料 24 「パレルモ・ストーン」の五つある断片のうちの一つ（エジプト，紀元前 2470 年頃，第五王朝）．上段には，紀元前 3000 年頃よりも前の上エジプト，下エジプトにおける，王朝以前の支配者たちの詳細が記されている．下段には，第 1 王朝から第 5 王朝（紀元前 3000 年期の前半）までの王たちの統治下に起こった出来事が記されている．
パレルモ，国立考古学博物館　写真：akg-images（ドイツ最大の歴史・美術アーカイブ）／エリッヒ・レシング

エポニムはリンム、すなわちアッシュールの市長であり、アテネではアルコーンとよばれる九人の執政官の一人、またスパルタでは五人の「監督者」、すなわちエポロスとよばれる民選五長官の一人であった。しかし最もよく知られた例は、その年の二人のコンスル（執政官）によってローマの年を定める方法である。たとえば、C・ユーリオ・カエサルM・カルプルニオ・ビブロ・コーンスリブス（*C. Iulio Caesare M. Calpurnio Bibulo consulibus*）（「ガイウス・ユリウス・カエサルとマルクス・カルプルニウス・ビブルスがコンスルであったとき」）（紀元前五九年）というい方である。執政官がふるった権力の強さ、弱さは問題ではない。スパルタの民選五長官は思いのまま君主に干渉したし、アテネのアルコーンは民主主義の下、たんなる行政官の地位に堕ちてしまった。そしてローマ共和国の強大な実権を握っていたコンスルは皇帝にその権力を奪われたとはいえ、日付つきのあらゆる書類に登場するのは皇帝ではなくコンスルのほうである。

この方法は古代には広く使われていたが、これには三つの不利な点があった。一つは未来の年を同定する方法として、「いまから何番目の年」という言い方しかなかった点。またギリシャでは一年のはじまりや月の名が都市によって異なり、閏調整も都市間で合わせていなかったために、ある都市のある執政官の下で起こった出来事が、必ずしも別の都市の執政官ただ一人で特定できなかった点（枠囲み参照）。そしてほかの都市においてはいうまでもなく自らの都市に限っても、執政官のリストなしには執政官Xの年が執政官Yの年に先行するのかどうか、またどれくらい年数の差があるのかまったくわからなかったという点である。そうしたリストは実際に編纂されていたのだが、ほかの文書と同様に混乱と腐敗にまみれやすい。紀元前三世紀、歴史家であったタウロメニウム（現在のシチリアのタオルミーナ）のティマイオスは、いろいろな都市のリストを比較することを仕事とし、さまざまな食い違いを見つけた。

エポニムによる年代特定の困難さ

エポニムによる年代特定がうまくいかないことの具体例として次のようなものがある。ギリシャの歴史家トゥキディデスがギリシャ全域にいる読者のために、ペロポネソス戦争の勃発を紀元前四三一年の春に特定したときのことである。

エウボイアを占領した後に締結した三〇年間の休戦協定が一四年続いた。しかし一五年目、クリシスがアルゴスの女性司祭になって四八年目、スパルタではアエネシアスが民選長官だったとき、アテネではピトドルスがアルコーンの職をあと二か月残していたとき、そしてポティダイアの開戦の六か月後、春のはじまりに［テーバイの軍隊がプラタイアを攻撃した］。

（『戦史』、第二巻、第二章、第一節）

それ以降、トゥキディデスは戦争の出来事を夏と冬で特定化している。

共和国時代の初期を過ぎてからはその資料が信頼できるローマの執政官（資料25）に関してでさえ、個人のリストにおいては記述の誤りを避けることはできなかった。西暦二九年、二人のコンスルは、ガイウス・フフィウス・ゲミヌスとルキウス・ルベッリウス・ゲミヌスであった。初期キリスト教の長年の伝統によれば、イエスが処刑されたのは、「ルーフス」と「ルベッリオー」という名の二人のゲミヌスがコンスルを務めた年ということになっている。四世紀後半、サラミスのエピファニウスは救世主イエス・キリストの生涯の年代記をつくろうと試み、非常に不正確なコンスルのリストを使用し、「二人のゲミヌス」と「ルーフスとルベッリオー」から二つの別々のペアをつくった[1]（もっとも彼は、はりつけの年代をいずれの年だとも

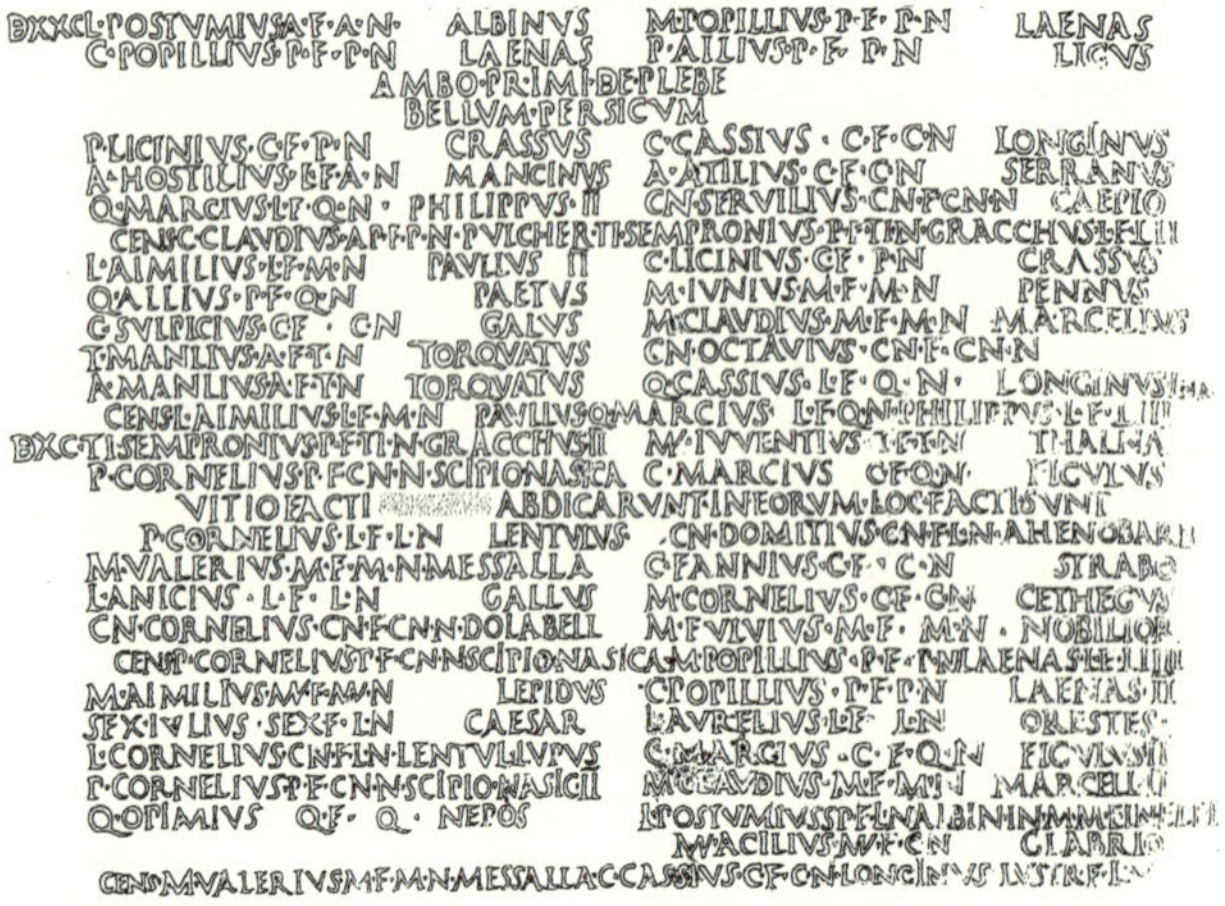

資料25　ファースティー・カピトリーニ（ローマのコンスルのリスト）の一部．A. デグラッシ編『インスクリプチオーネス・イタリアエ』，xiii/1，（ローマ：国立印刷造幣局，S.p.A.）

特定しなかったのであるが）。

異なるものの、同じように不正確だったのが、アキテーヌのプロスパーが自らの年代記（西暦四五五年）で用い、ウィクトーリウス（第4章参照）が採用したリストである。そのリストで二人のゲミヌスは一年早く書かれている。

即位紀元

エジプトと近東の大君主国において年を表記する特徴的なやり方は、治世の年数を用いるものだった（即位紀元）。このやり方を用いた記録から人が過去について理解しようとするならば、過去の君主たちとその治世期間の一覧表が必要となったし（資料26）、また未来に関してはこれはまったくもって不便だった。何しろ、仮に君主が現在の自分の治世が有限であることを認識していたにせよ、あとどれくらい現在の治世が続くかについて人は知る術を持たないのである。

にもかかわらず、即位紀元はユスティニアヌス皇帝によって西暦五三七年に採用されたし、ヨーロッパで王の治世が及ばない場所にも広く広まった。人がそれまでの英国の王たちや女王たちについて、その治世した歳月とともに知ろうとしたのは愛国主義からだけではなかった。それを知らなければ、エドワード六世の統治三年目に属するという書類がヘンリー八世の二三年目のものとされる書類に先行するのかしないのかわからなかったのだ。即位紀元は一九六二年に至るまで、英国国会制定法において年を特定する公の方法であった（もっとも、いまではいちばん頻繁に使われるものではなくなっている）。

しかし即位紀元はいつを起点とするのだろうか。ユスティニアヌス以後、即位紀元は君主が政権を握ったことを記念する日（枠囲み参照）からはじまることになっている。何日に権力の座に就いたかは問題ではない。一方、古代の君主国では、君主の即位紀元の年数を君主の治世開始時点とは無関係に、最初に迎える通常の新年の初日から数えることがたいてい原則であった。

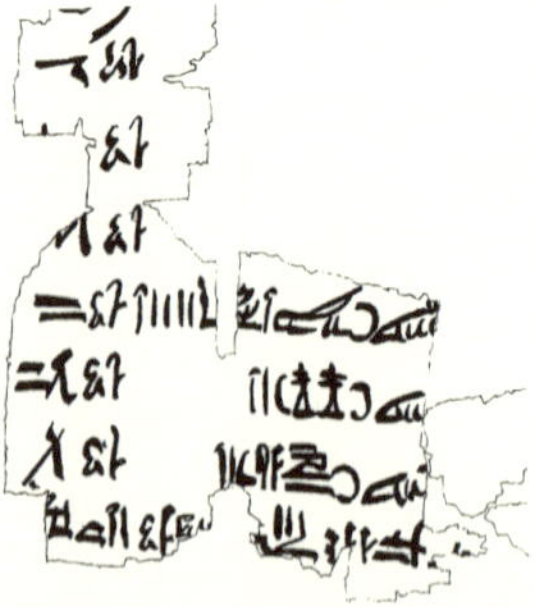

トリノに納められている王達のリストの断片

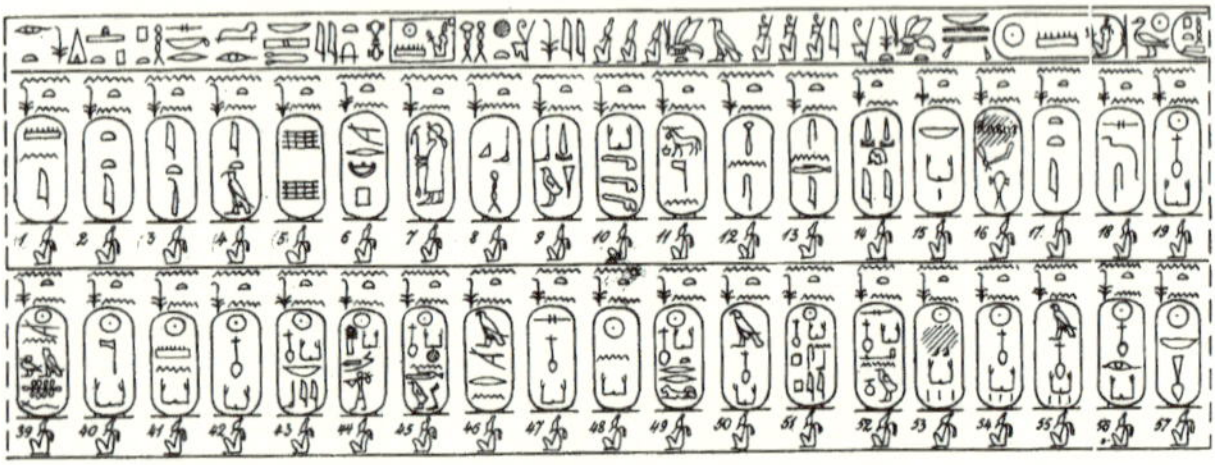

古代エジプトの都市アビドスの表の一部

古代エジプトの埋葬地サッカラの表の一部

資料 26　エジプト王のリストの断片.

アラン・ガルディナー著『ファラオのエジプト』（オックスフォード大学出版局，1961 年ならびに再版），pl. iii

戴冠から即位へ

中世ヨーロッパでは君主は戴冠したときから自らの治世年数を数えた。なぜなら王になるのは戴冠式によってであったからだ。ウィリアム征服王ですら治世のはじまりを、自らがその正式な後継者だと宣言していたエドワード告解王の死の時点に設定していない。そして彼が英国の支配者になったへイスティングの戦い以降にも設定していない。実際は彼が戴冠した一〇六六年のクリスマスの日にはじまりを定めたのである。しかしこれとは逆のケースがある。ヘンリー三世が一二七二年一一月一六日に亡くなったときに、息子であり相続人のエドワード一世はパレスティナにいた。その地から本国にもどるには二年かかる計算だった。二〇日に彼は王と宣言され、その日から彼の即位紀元ははじまった。それ以降今日まで、「王の治世は王の死とともに失われる[2]」という言い方が「王様は死んだ。新しい王様万歳！」というものに代わっている。この言い回しはフランスから輸入されたもので、フランスではカペー王朝において八世代、九八七年から一三一六年にわたり父から息子へと王冠を譲り渡してきたのであった。

そのことで、即位のときと新年のはじまりとの間の期間をどう扱うかという問題が生じた。シュメールとバビロニアでは、この期間は治世のはじまりとよばれた（あるいはこの期間が前の王に割り当てられることさえあった）。治世のはじまりを設けるこの方法を示す現代の専門用語は「即位年システム」である。この用語は王が即位する年が、番号を付けて扱う治世期間とは別個に扱われることに由来する。治世期間は王にとって最初に迎える新年からはじまるわけである。

エジプトでは対照的に、治世の最初の年は王の即位ではじまり、最後の閏日（第2章参照）で終わりとなったため（近代の即位記念日システムを用いた新王国第一八王朝から第二〇王朝を除く）、王の二年目以降の年はトト月の一日ではじまった。これが「即位年なしのシステム」として知られるやり方である。それはマケドニア人の支配者たちやディオクレティアニスに至るローマの皇帝たちの下でも存続し、西暦三世紀から七世紀のイラン、ササン朝の君主たちによっても（彼らが日付を表記するときには）使われた。この方法は西洋では馬の年齢を述べる際の方法として知られる。このやり方は旧約聖書にも載っているが、この方法だけが載っているわけではないようだ。即位年システムと即位年なしのシステムが共存し、また秋の新年と春の新年が共存するために（第6章参照）、聖書の年代順配列は混乱をきわめている。

ローマの皇帝たちはエジプトを除き、五三七年になるまで即位紀元年で年を表記することをしなかった。彼らの称号をすべて見れば、彼らが護民官の職権でそれまで何回、年補助金を受け取ったかがわかった（その回数が彼らの支配の法的根拠である）。しかしそれは年の表記としては用いられていない。たとえば、彼らは法的取り調べを受けて答える際、その年のコンスルの名を使って年を表していた。だからといって、彼らの臣民たちが皇帝の即位紀元年数を数えなかったのではない。便利なときにはそれを数えたのが、その場合、従うべき土地ごとの原則があった。たとえば、聖ルカが洗礼者ヨハネの使命のはじまりを皇帝ティベリウスの治世一五年目の年に特定した際、彼のユダヤ人キリスト教者の情報提供者にしてみればそれは、西暦二八年の春から西暦二九年の春の間のことだった。またアンティオキアにいたルカ自身にとっては、それは西暦二七年一〇月一日から二八年九月三〇日の間のことだったし、アレクサンドリアにいた信徒たちにとっては西暦二八年八月二九日から二九年八月二八日の間のことだった。そしてまた、ローマ人たちにとっては西暦二九年一月一日から一二月三一日の間のことだったかもしれない。

周期

エポニムの在職期間がさまざまでその種類も多いため、紀元前三世紀以降ギリシャの歴史家たちは、オリンピック競技会の一つの祝典から次の祝典までの間の四年間を周期として用いることにした。この競技は記録によれば紀元前七七六年にはじまり、夏に開催されている。この方法（オリンピア紀）は（オリンピアを除き）歴史に言及する際に限って使われたものの、あらゆる都市の、あらゆるギリシャ人が理解できるものだった。もっとも著述家たちの場合は、はじまりが異なる二つの暦の年を対応させたり、自分たちの語る遠征の物語を遠征がなされた季節という、年より広い枠で捉え、その季節の間に年が改まってしまうことを考慮せずにいたりした。

そういうわけでオリンピア紀は周期を用いた年代順配列の例であり、決められた年数が周期にまとめられ、個々の年にはその周期内の位置に応じた数が付けられていた。オリンピア紀について珍しかった点は、周期自体に数が付いていたことである。周期を使うものでさらに代表的だったのは、ローマ皇帝布告という一五年の税周期である。それが制定されたと一般に思われているのは西暦三一二年である。その周期自体に数が付されていることはまずないが年は規則的に「第何皇帝布告」とよばれて、その周期の何年目であるかが示された。ローマ帝国末期となると、皇帝布告周期が課税とは関係のない文脈でもすぐに利用が認められ、ほとんどの人々にとってコンスルの名による公的な年の特定方法以上に重要なものとなった。ビザンティン帝国の書類では、皇帝布告が世界年よりもはるかに信頼できるものとされている。世界年とは以下の節で見るように、いくつかある違った方法のうち、いずれも利用された可能性のある年の数え方である。

皇帝布告周期は中世の西方教会でも、一つにはローマ帝国末期の残存物として、一つにはディオニュシウスの復活祭日表（第4章）の流布を通じて見られる。しかし以前と同じ権限をそれに与えることはできない。東方教会の領域における皇帝布告は、コンスタンティノープルで九月一日から数えられていたのが、皇帝布告周期があるおかげでわれわれはどんな形式の世界年がそのとき使われていたのかを判断できる。[3] 一方、西方教会の場合は皇帝布告年がいつの日から数えられていたのか、ありうる選択肢から選ばなければならない。それを知るためにはキリスト紀元年か即位紀元年、できればその両方を利用したい。

周期の年数でもっとも重要といえるものは一二支であり、それは中央アジアや東アジアで使用され、西洋には中国の占星術を通じて知られるようになったものである。その周期上の年には数が付けられているのではなく、その年を治める動物の名（鼠、雄牛、虎、兎、龍、蛇、馬、羊、猿、鳥、犬、豚）が付いている（地域によってはヴァリエーションもある。すなわち水牛が雄牛の代わりになったり、ヴェトナムでは猫が兎の代わりをする）。中国ではこれらの動物が一二本の枝と結びつき、それが一〇本の茎とあわさって六〇年周期を形成する。しかしこの六〇周期（sexagenary cycle：ラテン語の「六〇ずつ」を意味するセクサーゲーニー

〈*sexageni*〉に由来）は年だけでなく、月や日、子（＝二時間）にも適用された。古い記録によると、日を周期のうえで記す方法のほうが、日と月を用いた日付表記法よりも頻繁に行われている。

六〇年周期はニィアンホウ、すなわち「年の名」、一般的には「紀元」と訳されるものと共存している。一三六八年よりも前、皇帝は皆、新時代のはじまりを何かめでたい名でもって治世開始の時に宣言し、またふさわしいと思ったときは治世の途中でも再度、宣言したものだった。一三六八年以降は一世一元になり、そのニィアンホウは皇帝の死後、皇帝自身の名に適用された。したがって、その治世の最中、このうえなく有名な陶器がつくられた皇帝は、乾隆（チィアンローン Qianlong：昔の筆写では Ch'ien-lung）という名の皇帝だったのではなく、「天の繁栄」紀元から名前を取って乾隆皇帝とよばれたのであった。〈4〉

日本では、一八六八年になるまで紀元（年号）は治世と重なるものではなかった。現在は、即位年なしのシステムが使用されていて、一八七三年以降はグレゴリオ暦が採用されている。昭和元年は一九二六年一二月二六日、昭和天皇（裕仁）が即位したときから三一日まで続き、平成（現年号）元年は一九八九年一月八日から一二月三一日まで続いた。

中国最後の皇帝が退位した後は中華民国の紀元が制定され、それはいまでも台湾で使用されている。年は一九一二年から即位年システムで数えられている。またその年は金日成の生まれた年ということで、一九九七年に北朝鮮によって制定され、政府が公言した原則に基づいて名づけられた即位年なしの数え方であるチュチェ（「独立独行 self-reliance」）紀元の開始年に当たる。こうしたものが（政治的な感情はともあれ）、本当の紀元と見なされるべきなのかもしれない。なぜなら、そうすれば個人の気まぐれや寿命で制限されることがなくなるからだ。

紀元

「紀元」という語は出来事の年代順配列のために使われるのだが、紀元を利用すると、年ははじめの時点、すなわちエポックから数えていくので、最初にもどることはない。「紀元（era）」という語は古典期以降のラテン語のアエラ（*aera*）あるいはエラ（*era*）に由来し、正式には数の付いた続きものにおける、ある項目の位置のことを表す。それゆえ年の通し番号（現在ではフランス語のミレズィム〈*millésime*〉でよばれる）に使われるのである。年代順配列での使用がいちばん早かったのはスペインで、そこでは年を特定する各土地固有のシステム（それに関しては以下を参照のこと）で表現された年がアンノ（*anno*：スペイン語の年）ではなく、(ア)エラで示されていた（例としては *era mclxxiii* がある。これは一一七三番目という意味であり、西暦一一三五年に相当する）。この語はさらに拡張されて年を識別するための続きもの自体、またはその類を意味するまでになる。紀元によって年を表記することの長所は、二つの出来事の間の時間計算が治世の期間を加算したり、リストから執政官を取り出したりしなくて済むために容易であること、そして未来の年についても望むだけ先まで指定することができるということにある。

紀元のはじめとなる重要な出来事（「エポック」）は、正確に年が特定されたある歴史的出来事である可能性もある。たとえばイスラム紀元が数えはじめられたのは、預言者ムハンマドのヒジュラ、すなわちメッカからメディナへの移住（第6章参照）という出来事からである。しかし年代順配列の目的からいえば、キリスト紀元がそうであるように、基準となる出来事の年が間違っている、あるいは疑わしい場合でも構わない。また同じ目的からすれば、エポックが伝説のようなものであっても構わない。たとえば紀元前六六〇年の神武天皇の即位がそれに当たる。日本では超国家主義的な時期に、この出来事から年を数えたことがある。

紀元はちょうど日本の数え年のように、その一年目をエポックの直後から数える場合もあれば、一年目は一年が完結したときにはじめて数える場合（過ぎた年数で計る場合）もある。いずれの方法も年齢を述べるときにはなじみの方法である。すなわち、ある人が二五年目の歳であるというとき、われわれは数えで歳を数えている。しかし同じ人物が二四歳であるというとき、われわれは過ぎた年数を数えているのだ。紀元による年の識別方法では、インドを除き数え年方式のほうが標準である。数多くあるインドの紀元のうち最も重要なのはインドの国暦が基づくシャカ暦であるが、それは西暦七八年から経過年方式で数えられている。

ヘレニズム時代とローマ時代には地域ごとのたくさんの紀元が存在し、政治的な出来事を祝していたが、それを使っている都市や州の枠を超えて重要だといえる紀元はほとんどない。こうした諸々の紀元の中に、ローマについての近代の書き物にはしばしば登場する、紀元前七三五年から数えはじめたローマ建国紀元（アブ・ウルベ・コンディター the *ab urbe condita*）は含まれない。なぜならローマ人の間で建国の正しい年についてコンセンサスがなかったからである。ある出来事が建国の出来事の発生から長き年数を経て起こったといわれる場合、それは英語の「ノルマン人の征服の一〇〇年後」という言い方と同様、公式に年を特定していることにはならない。

古代ギリシャ・ローマ時代で最も重要な紀元は、西アジアのセレウコス朝のセレウコス紀元である。紀元前三一一年にバビロンのマケドニア人サトラップ、すなわち総督だったセレウコスは武力で復権した後、自分の就いた新たな役職の在職期間をその年のニサンヌ月の一日（四月三日に相当）から数えはじめた。その二、三年後、王の称号を得たときでも、彼は数え方の変更をしなかった。彼のマケドニア人の臣民たちやほかのギリシャ人の臣民たちはその暦を採用したのだが、秋にはじまるマケドニアの年に慣れていた彼らは、紀元開始を六か月前倒しにして三一一年はじめではなく、三一二年の終わりに移動した。彼の死後も（その頃までに彼の領土はトルコからタジキスタンまで拡大する）、後継者たちがその数え方を継続させ、古代の間はずっと維持された。ユダヤ人たち（彼らはそれを「契約の計算」とよんだ）は、これをルネサンス期に至るまで（イエメンではさらに長く）使い続けるし、またこの方式はネストリウス派のキリスト教徒の間で二〇世紀後半に至るまで存続する。彼らは二〇世紀後半に東方のアッシリア教会と銘打って、アッシリアの推定建国年代である紀元前四七五〇年四月一日をエポックとする新たな紀元を採用している。

ほかの紀元（たとえばアラビア属州の紀元〈エポックは西暦一〇六年三月二二日〉）は、特定の土地にさらに限定されていて、大半は短命であった。後者の点で例外なのがヒスパニア紀元で、そのエポックは紀元前三八年一月一日である。この紀元は古くからアウグストゥスと歴史的理由もなく関連づけられていて、もしかするとピレネー山地地域におけるローマ人支配のはじまりを祝うものだったのかもしれない。この地域で、この数え方の最古の（しかしこれには異論もある）例がこれまでに見つかっているのだ。紀元の使用は四世紀後半からであると実証されている。この紀元は西ゴート族のスペインで用いられ、中世後期に至るまで公に使用された。またアラゴンでは一三五〇年まで、カスティリャでは一三八三年まで、ポルトガルでは一四二二年まで使われた。

世界紀元

ユダヤ人の間からセレウコス紀元を最終的に追い払うことになったのが、世界のはじまりから計算する世界紀元だった。この目的のためにユダヤ人たちは、暦の計算のためにすでに用いていたエポックである紀元前三七六一年（第6章参照）を採用する。ユダヤ人にとって二〇〇四年九月一六日から二〇〇五年一〇月三日までの一年がＡＭ五七六三に当たり、しばしば（とくにヘブライ語では）'763と書かれる。ＡＭはアンヌス・ムンディ（*annus mundi*）、すなわち「世界の年」を表し、キリスト教徒が考案したものを含め、どんな世界紀元においても年を表す慣習的な記述語である。そうした類の紀元は旧約聖書の年代順配列に基づいているが、その配列は決して単純なものではない。またヘブライ語のテキストや聖ヒエロニムスのラテン語版における その年代順配列は七〇人訳聖書として知られるギリシャ語訳と比べて、かなり短い。世界紀元をつくったのはおもにギリシャ語話者たちであるが、最初のものはセクストゥス・ユリウス・アフリカヌス（二二一年生まれ）によるものだ。彼はキリストの受胎を三月二五日とし、それをＡＭ五五〇一の最初の日とした。ふつう、紀元前二年から一年の出来事とされているもの（もっとも彼がキリストの受肉の時点から行った年の特定のすべてが数学的に正しいわけではない）。ほぼ一世紀後、カエサレアのエウセビオスは天地創造を紀元前五二〇〇年、キリストが生まれたのをAM五一九九年にした。彼はこれを「アブラハムが生まれて二〇一五年目の年」とよぶのを好んだ。

エウセビオスの計算は彼の『年代記』をヒエロニムスが翻訳して広まったので、ベーダがラテン語版の聖書を用いて天地創造とキリストの降誕との間の年数を三九五二年に減らすまで、西方教会での標準理論となった。しかし、ほかのギリシャ語話者たちはアフリカヌスのより長い間隔のほう、あるいはそれに近いもののほうを好み、また天地創造が日曜日に当たるように調整を行った。そうしたものの内、最も好まれたのは、アンニアヌス（五世紀はじめ）の紀元で、それは天地創造が日曜日、ファメノト月の二九日＝紀元前五四九二年三月二五日に起こり、受肉、すなわちイエス・キリストの受胎がAM五五〇一（アフリカヌスと共通）、ファメノト月の二九日、月曜日＝西暦九年三月二五日に起こったとしている。

しかし、年を天地創造の記念日から計算するのは神学的には魅力的であるとはいえ、実生活では不便なことであった。それゆえエポックは天地創造の前年の法律上の新年、紀元前五四九三年トト月の一日／八月二九日にと調整された。これが原因で受肉と降誕が別々の年になる。アレクサンドリアの人々は降誕の年をAM五五〇二年にと再指定するのではなく、受肉をAM

五五〇〇年の同じ日へ移した。そうすることで受肉を西暦八年三月二五日の日曜日に置けるという利点があったからだ。〈5〉降誕が起こったとされるAM五五〇一年は、今度は西暦八年八月二九日にはじまる年になった。これがエチオピアでいまでも使われている紀元の最初の年である。この国で西暦二〇〇〇年は、旧スタイルの八月三〇日＝二〇〇七年九月一二日にはじまる予定である。〈6〉

七世紀に書かれた『復活祭年代記』（そうよばれるのは、それが復活祭日の計算の記述からはじまるからである）という本では、天地創造の日付として紀元前五五〇九年三月二五日のほうが選ばれている。しかし後期ビザンティン帝国の人々は、天地創造を九月一日の法律上の年の開始まで延ばすほうを望んだ。うまくいかなかった選択肢として五五〇八年三月二五日というのがある。ロシアでは天地創造の年から数えるのが年を識別する常なるやり方であって、もともと紀元前五五〇八年（頻度は下がるが五五〇九年のこともある）の三月一日から数えはじめたのだが、一四世紀後半までには紀元前五五〇九年九月一日からになり、しまいにピョートル大帝の命令によりAM七二〇八年一二月三一日の翌日が旧スタイルの一七〇〇年一月一日に変わった。

永遠の治世

即位紀元から進化した紀元には、君主の死後も続いたものがあった。第6章で見たように、ゾロアスター教の紀元は王ヤズデギルド三世を称えている。その紀元のはじまりは西暦六三二年六月一六日である。こうした紀元は天文学者たちによっていくつかつくられているが、彼らは継続して数えられることを有益だと思ったのである。その一つ、ナボナッサル紀元はエジプト式の「移動年」を用い、紀元前七四七年トト月の一日＝二月二六日をエポックとしている。この年はバビロニア王の治世最初の年（エジプトの計算による）で、この王以降、天文学上の記録が保存されることになった。ほかにはディオクレティアヌス紀元というのがある。

アウグストゥスが紀元前三〇年にエジプトを征服した際、彼は王として統治に当たったが、全般的な領土システムが及ばないところではヴァイスロイ、すなわち総督を通じて、すでに定着していた即位年なしのシステムで自らの治世年を数えた。彼の後継者たちもその例にならったが、最終的には西暦三世紀末にディオクレティアヌスが、新しくした州の構造にエジプトを統合し、エジプトにもコンスルによって年を識別する方式を導入した。それは天文学者たちにとっては不便きわまりなかった。何しろ自分で付けた観測記録を理解するためには、コンスルのリストを保存しなくてはいけなかったからだ。彼らはそうすることを避け、ディオクレティアヌスが三〇五年に退位した後でも、彼の即位紀元（その最初の年は二八四／五年であった）

で年を数え続けた。これはアレクサンドリアの復活祭日表において、年を示す際に用いられた方法である。この方法が年を識別するという一般的な目的へと拡大され、現在でもコプト教会のお気に入りの紀元となっている。しかしディオクレティアヌスが権力をもっていた晩年、教会に対して大迫害を行ったので、その紀元は七世紀から殉教者の紀元とよび名が変わった。殉教者紀元五三二年（＝西暦八一五～一六年）の後、再び五三二年の復活祭周期で数えられることがあった。そのため、たとえば二五七年は西暦五四〇～一年ではなくて一〇七二～三年か一六〇四～五年である可能性もある。

キリスト紀元、西暦紀元

迫害者の名前の忌々しさも、ディオニュシウス・エクシグウスが自分の復活祭日表において、ディオクレティアヌス紀元を受肉紀元に変えた理由の一つであった。それによって、「われわれの希望がわれわれによくわかるように、そして人間復権の教義、すなわち贖い主の受難がよりはっきりと輝き出すように」なればよかったのである。けれども受肉は受難ではない。受難の年だとすると、ディオニュシウスは、先駆者であるウィクトーリウスを無視していたことになる。前任者は復活祭日表における年の計算を西暦二八年、すなわち彼の同国人であるプロスパーが二人のゲミヌスがコンスルであったと誤って考えた年から数えた受難紀元で記していた（これが唯一知られた受難紀元の例ではない。ローマではベーダの時代に年は西暦三四年から、ひょっとすると三三年から数えられていた。ほかの例が東方教会で見つかっている）。

ディオニュシウスは自らこしらえた、キリストの受肉をエポックとする紀元を問題のないものであって議論を巻き起こさないものと見なし、それをどうやって知ったのか説明することも、自らの発見だと主張することもしなかった。彼よりも前のほとんどの著述家たちが受肉を紀元前二年とすでに特定していたので、これを説明するのは難しかった。これに関しては、三世紀後半に編纂されたエウセビオスの『年代記』、あるいはそのヒエロニムス訳に載っていた、オリンピア紀で記されたディオクレティアヌスの即位年をディオニュシウスは誤読したか、あるいはそれを間違って記述したはずだと見なす考え方がある。しかし別の学者は三五四年に書かれた暦に西暦一年の降誕がすでに見出される以上、エウセビオスが書いたとされる復活祭日表において彼自身が計算間違いをしているのだと見なし、責任はエウセビオスにあるとしている。

もう一つの考え方は、ディオニュシウスが意図的に自らの数字を捏造し、アレクサンドリアの表のように閏年が四で割れるような仕組みを続けたというものである。というのは前年（紀元前一年）に加えられた閏年はさておき、閏日が復活祭日の計算に影響を与えるのはディオクレティアヌス紀元の、たとえば二四四年のような四の倍数の年においてである。ディオクレティアヌス紀元の二四八年が受肉紀元の五三一年や五三三年ではなく、五三二年であることは都合がよかったし、それは現在も変わらない。教会の歴史家であったソクラテスは、皇帝ウァレンスが三月一日の五日前（*V Kal. Mart.*）に治世をはじめたという報告書をギリシャ語に訳していたのだが、問題の年が閏年であるので正確な日付は二六日であるのにそれに気づかず、ふつうに二月二五日と記している。もし彼がわれわれのように、その年が三六四年であることを知っていたならば、彼はすぐに過ちに気づいたことだろう。

それでも、ディオニュシウスが設定した年は福音書が語る二つの物語の内容に合わない。この点は降誕を紀元前二年とする考え方も同様である。というのは、聖マタイによる東方三博士と罪なきみどりごの話では、降誕は紀元前四年の過越しの祭りの時、ヘロデ大王の死の少なくとも二年前に起こっていることになっている。聖ルカの記述では、降誕を西暦六年の「キュレニウス」、すなわちP・スルピキウス・クィリーニウスがユダヤ地域をローマ属州のシリアに合併しようとしていたときだとしている。この問題の解決案として、聖書の記載されている限りの事実に照らして信者と非信者の両方を満足させたものはこれまでのところない。

受肉の年

説教師がクリスマスの日に、キリストが何年前に生まれたかを述べるとき、彼らは決まって説教時点の西暦年を言うので、降誕が紀元前一年一二月二五日に起こったという計算になってしまう。〈7〉それが紀元をその日付から数えはじめた教会や修道院の見解でもあった。それとは違ってベーダは、この年はディオニュシウスの一九年周期における最初の年であるものの、アイルランドの情報からすればディオニュシウスが受肉を設定した年は彼の周期の二年目に当たる西暦一年だと解釈した。〈8〉このほうが経過した年数を数えるやり方よりもいま現在の年も含めて数えるやり方を好む傾向に合致する。ここで二四三年に復活祭の日を計算したある人物が出エジプト記を経過年方式による紀元で語り直そうとしていた事実は脇に置いて考慮しないことにする。ディオニュシウス自身がこうしたことについて、いくらかでも考えをめぐらしたとは思えない。

西暦による年代特定の拡大

ディオニュシウスの受肉紀元はウィクトーリウスの受難紀元と同様、元来、復活祭日の表のために考案されたものである。それはエウセビウスの年代順配列とは相容れないものであり、〈9〉著述家の中にはその紀元をエウセビウスの年代順配列とともに、出来事と出来事の配列関係を検討するために使う者がいる。しかし、復活祭日表の余白に年代記を綴ったり、ある年に起こった出来事を短い記録に記す習慣ができたことによって、人々はキリスト紀元年と、そうでない年との間に以前よりも深い関係を見出すようになった。これはアイルランドと英国の僧侶たちのとくに性分に合うものだった。なぜなら彼らにとって皇帝は外国の君主であり、その支配下にある諸国は数多くの王や小王たちの間に分割されていて、不便を感じていたからだ。

アイルランドで年を識別するおもな方法は、少なくとも修道院の著作においては一月一日の曜日と月齢を使うものであったが、われわれはウィクトーリウスの受難紀元による明確な年の識別法を早くも六五八年に見出せる。ノーサンブリアでは七世紀後半までにディオニュシウスの復活祭日計算法がウィクトーリウスのものより優勢になった。それゆえフリジア人たちの使徒ウィルブロルドが、キリストの受肉から六九〇年目の年にフランク王国まで海を渡ったこと、六九五年目の年に上位聖職者に任命されたこと、そして七二八年当時、生きていることを自らの暦に書きとめた際に使ったのはディオニュシウス紀元であった。

しかし決定的な瞬間がやってくるのは、ベーダが『イングランド教会史』という本を著す際、彼が年代記で用いていた世界紀元を使わず、この計算法（ディオニュシウス紀元）を使おうと決めたときであった。この本は立ちまち古典となり、その結果、大陸の読者たちは受肉の年がいつなのか、それに注意を払うようになり、やがて自分たちも受肉紀元を使いはじめるようになった。紀元のエポックとしては紀元前二二年の説（一〇世紀のフルーリ大修道院のアッボが提唱）や、紀元前二三年の説（一一世紀、フルダのマリアヌス・スコットゥスが提唱）が提案され、はりつけは三月二五日、西暦一二年のルーナ一四に起こったという西洋の伝統を救おうと試みられた。一一世紀にはロタンリンギアのゲルランドゥスがアレクサンドリアの受肉紀元をユリウス暦に合うように西暦表示から七年を差し引くことで調整したが、ディオニュシウス紀元は普及し続け、深く根づいていたヒスパニア紀元さえも追放し、キリスト教世界の外も含め世界規模の標準となった。

「キリストよりも前の」年の特定の仕方

キリスト紀元はエポックより前の年月日がそれ自体として規則的に同定される唯一の紀元である。中世に偶然、起こった出来事がローマの建国やヒスパニック紀元のはじめよりもはるかに前に起こった出来事と気軽に比較されるが、一八世紀以降は「西暦」と対等の資格で「キリストよりも前の年」を数えることがふつうに行われてきた。それに対する反論は、おもに古代ローマを研究するドイツ人歴史家たちから起こる。彼らはローマ建国の年はウァロが特定した年が正しいと見なし、西暦以降になってからやっとキリスト紀元を使いたがるので、結果的に七五三年の後に一が続く形となった。この使用はいまではすたれている。

天文学的年代特定

ふつうの用法では西暦一年の前には紀元前一年があるのに対して、天文学上の計算では一年(A.D. B.C. の表記なし)の前には〇年があり、それに続けて紀元前二年に対応するマイナス一年がある。同様に紀元前四五年はマイナス四四年、紀元前一〇〇年がマイナス九九年、以下続くという形になる。これは計算を助ける(-7年から3年までは、$3-(-7)$年$=3+7$年$=10$年となる)だけでなく、これで四で割り切れる年はすべて閏年だということになる。このことは通常の計算では西暦年にのみ当てはまることで、紀元前の年については$4n+1$であれば閏年ということになっている。

紀元のイデオロギー的な中身

即位紀元年の使用は政治的な争いをしているときには、ある訴えを主張できるのかもしれないが、年代順配列の最も明白なイデオロギー形式は紀元[10]である。この点に関しすでに見た多くの例に、イランで起こった混乱を加えられるかもしれない。それは一九七六年三月一四日に当たるヒジュラ(ペルシャ語ではヒジュリーと発音)太陽暦の一三五四年エスファン月二四日に起こった。モハンマド・レザー・シャーがエポックを紀元前五五九年、キュロス大王の(アケメネス朝)ペルシャ王への即位とする新しいシャハンシャヒ(「皇帝の」)紀元を一週間後(一三五四年が閏年なので）の二五三五年の初日から開始すると発令したのだ。これは王朝を古代の栄えあるアケメネス朝の王家の人々と結びつける多くの試みの一つだったので、人々からイスラムに対する侮辱として受けとめられた。西洋人の読者の方ならその湧きあがった怒りを、ムッソリーニのことを想像することでおぼろげに理解できるかもしれない。彼は一九二二年一〇月二九日をエポックとするファシスト紀元をキリスト紀元と一緒に使うといったことはせず、キリスト紀元を一掃しローマ建国紀元に変えてしまったのだ。そのため、西暦一九二三年は二六七六年になった。イランでは一般の人々が反乱を起こし、一三五七年シャフリーヴァル月の五日（一九七八年八月二七日）以降、ヒジュラ紀元が復活することになった。

キリスト紀元はあまりにもしっかりと確立されたものなので、その宗教的起源を問うことは難しい。キリスト教が少数派の一宗教以上のものであったことが一度もない中国では、実際のところ反宗教的な共産主義者たちによってキリスト紀元は公的なものにされたが、その名前はずっと非難にさらされてもきた。イスラム教徒たちが自由にミーラーディー（*mīlādī*）、すなわち「降誕」の年のことを口にするのに対して、ヨーロッパ大陸の非宗教主義者たちはこの紀元をたんに「われわれの紀元」（フランス語のノトル・エル（*notre ère*）、ドイツ語のウンゼレ・ツァイト（*unsere Zait*）とよびたがる。また英語話者たちの間では「共通紀元」という用語が、ユダヤ人が標準的に使うものとしてすでに定着し（ヘブライ語の「数えること」を意味するハスフィラー〈*ha-sefirah*〉と比較のこと)、アメリカのアカデミック・ライティングにおいて広まっている。キリスト教徒の中にもこの用語を受け入れた者もいるが、それはキリスト教への改宗に反対する精神から、あるいは紀元の開始時期はその紀元が称える出来事の本当の日時である必要はまったくないという理由からである。そうはいっても、もしこの紀元がキリストの誕生を称えないのだとしたら、それが存在する理由がまったくなくなってしまう。というのも、世界史的な意義をもつような出来事は紀元前一年あるいは西暦一年にはほかに起こらなかったからである。

年のはじまり

もし受肉と降誕が同じ年に当たるとしたら、その年は三月二五日よりも後にはじまってはならない。しかし、この日付は復活祭がそれに先行する可能性がある以上、復活祭の日を計算する年にはありえない日付である。[11] しかし、ディオニュシウスのルーナー・レギュラー[12]が前提とするのは九月にはじまる年であり、それはビザンティウムの場合と同じである(ルーナー・レギュラーを一月からに再計算したのはベーダであった)。もし明確にせよと言われたならば、ディオニュシウスは「自分の紀元元年は九月一日から八月三一日までの間で、数えはじめの出来事である受肉を組み入れ、そうではない降誕を外す」と述べたかもしれない。

しかし、ディオニュシウスを読む西洋の読者たちは受肉と降誕の違いを認めるのにいくらか時間を要した（彼らは受肉と降誕を同じものだと見なしていたのだ）。一年を西暦一年一月一日（教会が抑圧し損ねた異教の祭りがあるゆえに嫌う日付）からではなく、その七日前に当たる紀元前一年一二月二五日の降誕の推定日から計算することはきわめて頻繁に行われたからである。これは一月を一年のはじまりだとするベーダの主張に反して、アングロ・サクソンの英国において慣例だったたし、ベネディクト会の修道院で長いこと使われ続けた。しかしそれも最終的には三月二五日に当たる本来の受肉の日（受胎告知、お告げの祝日）から計算する異なる方針に取って代わられてしまう。一〇世紀後半、南フランスや北イタリアの各地で紀元前一年三月二五日をエポックとし、その結果、一二月三一日までは現代の計算よりも一年多いことになる紀元が登場する。これはピサを除き不評となり、それゆえピサの計算法として知られている。さらに広まったのは西暦一年のお告げの祝日をエポックとし、一月一日から三月二四日の間、現代の計算よりも一年少なくなるものである。これはフィレンツェと英国に特有なもので、そのために「フィレンツェのスタイル」、あるいは「英国の教会の習慣」（コーンスエトゥードー エックレーシアエ アングリカーナエ）（*Consuetude ecclesiae Anglicanae*）として知られている。

ピサとフィレンツェでは、これらの計算法を一七四九年に至るまで使い続けた。この年にはトスカーナ大公レオポルドが一月一日から数えるように命じる。英国のやり方は一七五一年に国会制定法によって改められた（スコットランドでは一六〇〇年から一月一日を使っていた）。ヴェニスでは、受肉の月に当たる西暦一年三月初日から一年を数えることが好まれた。それは一七九七年にヴェネツィア共和国が廃止されるまで、公的文書において続けられた。もしこのモス・ヴェネトゥスが月の途中で年を変える方法よりも便利だったということになると、復活祭に一年をはじめるフランスの習慣であるモス・ガリクスは便利さで劣っていたことになる。しかし王政が一五六四年にこの習慣を廃止する勅令を出した後でも、国の中では反抗し使い続けた場所があった（ボーヴェでは一五八〇年まで）。

文書を正確に研究してわかってきたのは、中世において年が変わる日付は国同士を比較しても、また一国の中でも参考図書で述べられている以上に多くのさまざまな違いがあったということだ。それでもビザンティン帝国の西側に当たるヨーロッパ各地では、英語の「新年」および英語以外の言語におけるその類義語が、一月一日から数える近代様式の採用が人々に知られる以前でも一様にその日を意味していた。

ユリウス周期、ユリウス通日

古代のデータから複数の出来事を起こった順番に並べようとする仕事は、偉大な博識家だったユリウス・カエサル・スカリゲルの『デー・エーメンダーティオーネ・テンポルム *De emendatione temporum*』という著書（一五八三年）がはじまりである。その際、作業の助けとなったのが、年を記す新たなやり方だったユリウス周期である。これは七九八〇年周期で、一九年の黄金数周期、二八年の太陽周期、そしてローマ皇帝布告による税金の一五年周期を組み合わせたものである。[13] ユリウス暦において、一つの復活祭周期を終わりにする次の一五年目の皇帝布告が西暦三二六七年だったので、スカリゲルはその年をJP七九八〇年とした。結果としてJP一年が紀元前四七一三年になった。紀元前のどの年に対しても、JP年は四七一四から引き算することによって得られるし、どの西暦年に対しても四七一三を足すことでJP年がわかった。三つの周期における位置はJP年を一九、二八、一五それぞれの数で割った際の余りである。したがって、西暦一五八三年はJP六二九六年であり、黄金数周期は七年目、太陽周期は二四年目、皇帝布告周期は一一年目となる。

残念なことに、教皇グレゴリウスの改革（スカリゲルはプロテスタントとして、もちろんこれに反対した）によって復活祭の周期はちょうど廃止されたところであったし、一五年周期は実用性がまったくなかった。それでも天文学者たちはこの周期のエポックが「ユリウス通日(Julian Days)」なるものを連続して数えるため土台として使えると思った。ユリウス通日はJP一年一月一日の月曜日、正午（これはまた、−4712 I 1とも表記される）[14] から経過した日数を数えたものである。したがって、その時点から二四時間後のＪＰ一年一月二日正午まではJD0である。ユリウス通日の後の小数はすぐ前の正午の時点から経過した時間を示し、これ全体がユリウス・デイト（the Julian Date）になる。また一九二五年に採用された真夜中から一日をはじめることを重視し、大きな数を避ける修正ユリウス・デイト（ＭＪＤ）も頻繁に用いられる。これはユリウス・デイトから二四〇〇〇〇〇・五を引いたもので、たとえば二〇〇四年三月三一日の午前六時はユリウス・デイト二四五三〇九五・七五に対応し、ＭＪＤは五三〇九五・二五になる。

ユリウス周期とユリウス年を混同すべきではない。後者は紀元前四五年（＝ＪＰ四六六九年）のユリウス暦導入から数えているもので、西暦二三八年にケンソリヌスが言及し、近代初期の著述家たちの何人かが新約聖書の年代順配列の議論をした際に用いている。ユリウス年が使われれば、キリスト紀元に代わる世俗的で（政治的な論争を巻き起こさない）すぐれた紀元になるだろう。それはこの紀元が外的な出来事よりもむしろ暦自体に関係しているからだ。しかし閏年が4n＋1の形式であり四の正確な倍数になっていないという不便、それにも増して仮にユリウス年を人類共通の紀元へと変更すれば、これとは異なる計算法を公的に用いている国々に混乱をまねき出費を課してしまうというさらに大きな不便がある。

（訳注1）　本来二人の人物しかいなかったはずなのに、結果的に二組、四人の人物の名が登場するかたちになったということ。

（訳注2）　王の死とともに戴冠するまでの間、空位が発生するということ。

（訳注3）　東方教会の領域では皇帝布告周期は税のために使用されていて、正確であったようだ。たとえば文書に第一皇帝布告と記されていれば、それが最初の年であり、一五番目あるいは二番目の年ではなかった可能性が高い。仮に文脈からこの第一皇帝布告が西暦九一二年の九月一日から九一三年の八月三一日に対応することがわかっていて、それが世界年六四二一年とよばれているならば、その世界年は紀元前五五〇九年から計算されていることがわかる。西方教会の領域では皇帝布告は実際上の目的がなく、標準的であった可能性が低い。それゆえ皇帝布告が九月一日から、あるいは九月八日から、または一月一日からはじまった可能性もある。したがってそれがどのように計算されているか、ほかの手段によってわかった年から探らなくてはならない。

（訳注4）　乾は天、宇宙の意味、隆は繁栄の意味である。

（訳注5）　AM五五〇一年（西暦九年）にすると、月曜日に当たってしまう。

（訳注6）　この本の刊行年が二〇〇五年のためこういう言い方になっている。

（訳注7）　たとえば、二〇一三年のクリスマスの日に、牧師は「我々は、キリストが二〇一三年前に生まれたことを祝っています。」と言うだろうが、よく考えてみれば二〇一三年を引けば、降誕は紀元前に起こったことになる。西暦一年に起こったというならば、牧師は正しくは、キリストが《説教時点の年の西暦年から一マイナス》年前に生まれたというべきなのである。

（訳注8）　一九年周期の一年目＝紀元前一年。

（訳注9）　エウセビウスは降誕を紀元前二年としている。

（訳注10）　即位紀元は紀元という字を用いているものの、ここでの「紀元」には含めていない。

（訳注11）　西暦一一三六年を例に挙げるならば、この年は復活祭が三月二二日に当たった。しかし二五日まで年が変わらない場所においては、二二日はまだ一一三五年であり、前年の四月七日の復活祭と同じ年に当たる。復活祭の表において、ある年には二つの復活祭が記され、次の年にはまったくないというのはおかしなことであろう。

（訳注12）　第4章参照。

（訳注13）　19×28×15＝7980.

（訳注14）　ローマ数字のⅠは一月を著す。

付録A　エジプトの暦

月		月各月の初日（紀元前、西暦年対応）				
古い名前	新しい名前	前一三二二年～一三二一年	前五九二年～五九一年	前二三八年～二三七年	前二六年～二五年	一三九年～一四〇年
氾濫季						
最初の月	トト	七月二〇日	一月一八日	一〇月二二日	八月三〇日	七月二〇日
二番目の月	ファオフィ	八月一九日	二月一七日	一一月二一日	九月二九日	八月一九日
三番目の月	ハテュル	九月一八日	三月一九日	一二月二一日	一〇月二九日	九月一八日
四番目の月	コイアク	一〇月一八日	四月一八日	一月二〇日	一一月二八日	一〇月一八日

冬季						
最初の月	テュビ	一一月一七日	五月一八日	二月一九日*	一二月二八日	一一月一七日
二番目の月	メケイル	一二月一七日	六月一七日	五月二〇日	一月二七日	一二月一七日
三番目の月	ファメノト	一月一六日	七月一七日	四月一九日	二月二六日*	一月一六日
四番目の月	ファルムティ	二月一五日*	八月一六日	五月一九日	三月二七日	二月一五日*
夏季						
最初の月	パコン	三月一六日	九月一五日	六月一八日	四月二六日	三月一六日
二番目の月	パイニ	四月一五日	一〇月一五日	七月一八日	五月二六日	四月一五日
三番目の月	エペイフ	五月一五日	一一月一四日	八月一七日	六月二五日	五月一五日
四番目の月	メソレ	六日一四日	一二月一四日	九月一六日	七月二五日	六月一四日
「年の上に重ねられる日」		七月一四日	一月一三日	一〇月一六日	八月二四日	七月一四日
翌年が開始された日		七月一九日	一月一八日	一〇月二一日	八月二九日	七月一九日

*二九日の月

注：新しい月の名前は紀元前六世紀に太陽暦での最初の使用が実証されている。その名前は儀式用の太陰太陽暦から取られたもので、その暦では太陰月のトトのはじまりが常に太陽月のトトに対応するようになっていた。

付録B　アレクサンドリアの復活祭

第4章で記されているように、ローマとコンスタンティノープルで標準となった復活祭日の計算法は、アレクサンドリアでの計算結果をローマ暦用に調整したものである。その調整の下で、アレクサンドリアの太陰暦に基づく復活祭暦がアウグストゥスの改革した法律上の暦に対応するようになっていた（以下のアレクサンドリアの暦の表を参照）。

その太陰暦とはアレクサンドリアでもそのほかの場所でも、ユダヤ人が実際には使わなかった概念上のユダヤ暦であり、ティシュリ月の曜日を制限する規則についても関心が払われなかった。その暦は一二か月からなり、三〇日と二九日が交互に現れ、エジプトの宗教暦のように各月がそれに対応する太陽月にはじまり、西方教会のように各月がそれと対応する太陽月で終わるものではないと考えられた。一年がトト月の一五日よりも早くはじまらないようにするため、三〇日ある閏月が周期の二年目、五年目、七年目、一〇年目、一三年目、一六年目、一八年目、それぞれの終わりに加えられている。法で定めた閏日はユリウス暦上の閏年の前年八月

アレクサンドリアの暦

トト月1日	8月29日(30日*)	1月1日	テュビ月6日(5日†)
ファオフィ月1日	9月28日(29日*)	2月1日	メケイル月7日(6日†)
ハテュル月1日	10月28日(29日*)	3月1日	ファメノト月5日
コイアク月1日	11月27日(28日*)	4月1日	ファルムーティ月6日
テュビ月1日	12月27日(28日*)	5月1日	パコン月6日
メケイル月1日	1月26日(27日†)	6月1日	パユニ月7日
ファメノト月1日	2月25日(26日†)	7月1日	エペイフ月7日
ファルムーティ月1日	3月27日	8月1日	メソレ月8日
パコン月1日	4月26日	9月1日	トト月4日(3日*)
パユニ月1日	5月26日	10月1日	ファオフィ月4日(3日*)
エペイフ月1日	6月25日	11月1日	ハテュル月5日(4日)
メソレ月1日	7月25日	12月1日	コイアク月5日(4日)
エパゴメナイ	8月24日～28日(24日～29日*)		

* ユリウス暦の閏年の前年

†ユリウス暦の閏年

二九日に対応し、周期の中で四回あるいは五回設けられたが、それ自体の日付は与えられなかった。アレクサンドリアの太陽暦の方が19年×365日＝6935日であり、この太陰暦が19年×354日＋7月×30日＝6936日であるため、一九年周期の最終年にはサルトゥス・ルーナエを一一番目の太陰月の終わりに設けて、月齢三〇の日がエパゴメノンの五日目（八月二八日）に当たるようにした。こうすることで最後の太陰月が、太陽暦の新しい周期上、最初の太陽月であるトト月の一日から二九日までになり、最初の太陰月がトト月の三〇日にはじまるようになった[1]。エパゴメノン五日目の月齢が、次の年のエパクトとしてとらえられていたから、毎回、この周期はエパクトが三〇、二九（サルトゥスが設けられると一一番目の月が二九日になったので）、あるいは〇と、さまざまによばれたエパクトではじまった[2]。

特定の日の曜日を知るために、アレクサンドリアの占星術師たちは二部からなるアルゴリズムを利用した。最初の部分は、ディオクレティアヌス紀元の年を四で割る。余りを無視し、その商とパラメーター2をはじめの年に加算して得られたものを今度は七で割る。その余りの値が、その年の「神々の曜日」である（神々は天体を支配する神々である）。もし余りがなければ値は七である[3]。その値からさらに以下のような手順で特定の日の曜日がわかった。「神々の曜日」の値に、一年のはじめの月からその曜日を知りたいと思っている特定の日を含む月まで、毎月二を加えていく。その和に、その特定の日の数を加える。その値を七で割った余りが答えである[4]。

けれどもキリスト教徒たちは、日曜日からではなく水曜日から数える一週間で「神々の曜日」の値がどの日の曜日と対応づけられるかを検討した結果[5]、その値がトト月一日の曜日、それゆえファルムーティ月一日（三月二七日）の曜日と一致することに気づいた。それゆえ彼らは「神々の曜日」をルーナ一四後の日曜日を探す基準として、「神々の曜日」という名前を変えずに使いはじめた。例として、ルーナ一四日がファルムーティ月の三日（三月二九日）に当たり、神々の曜日の値が七であるとすれば、ファルムーティ月一日が火曜日、ファルムーティ月三日が木曜日、それゆえ復活祭の日はファルムーティ月の六日（四月一日）であることがわかるという具合である。

ある日の曜日は次の年には一つ後の曜日へとずれる。もっともそれは間に入ってくる閏日によって曜日がさらに後にずれる場合には話が異なる。また一週間には七つの曜日があり、閏年周期は四年であるため、曜日と閏年周期の完全なパタンは7日×4年＝28年（太陽周期という）でくり返されることになる。ルーナ一四に対して一九の日付がありうるため、復活祭の日付のパタンは28×19＝５３２年でくり返される。これが復活祭の日の周期として知られているものだ。しかし、アレクサンドリアの人々はこれを知ってはいたものの、彼らは概してメトン周期五つ分の計九五年分の表しか書かなかった。その理由の一つは、世界が六〇〇〇年目には終わってしまうという、西暦五〇〇〇年ごろになされた予測があったからである。さらにはアレクサンドリアの暦において、ある年のある日付が該当した曜日が再度、同じ日付で巡って来るのが、そのある年が平年である限り九五年ごとであったからである。そのある年が閏年だった場合には曜日は一つ前のものになる。[6]（ユリウス暦でも同じことが、閏日の前日までの日については当てはまる。閏日以降、したがって復活祭の時には、翌年の同じ日付が同じ曜日になる。一方、前年が閏年である場合はその翌年の曜日は、閏日の前までは最初に考えた年の曜日と一致するが、閏日以降はずれていく)。

(訳注1) 一九年周期の一年目はトト月三〇日から二年目はトト一九日から、三年目はファオフィの八日からはじまっている。四年目以降、太陽暦の年は次の日付からはじまる。トト二七日、トト一六日、ファオフィ五日、トト二四日、ファオフィ一三日、ファオフィ二日、トト二一日、ファオフィ一〇日、トト二九日、トト一八日、ファオフィ七日、トト二六日、トト一四日、ファオフィ四日、トト二三日、そしてファオフィ一二日である。サルトゥスのおかげで一九年後、ふたたび振り出しにもどるかたちである。

(訳注2) 同じエパクトにもかかわらず、いろいろなよび名がされたということである。すなわち、周期の最初の日は、太陰月の最後の日であり、その日はその月が二九日しかない場合でさえ、三〇日とよばれることもあったのだ。また月齢が三〇の場合、モジュラ演算では〇として表記される場合もあった。

(訳注3) たとえばディオクレティアヌス紀元二四五年を考えてみよう。二四五を四で割ると、その商は六一である。六一とパラメーター二を二四五に加えた三〇八を今度は七で割る。するとその余りは〇であり、その年の「神々の曜日」は七になる。

(訳注4) 例として「神々の曜日」の値が七でメソレ月四日の曜日を知りたいとする。トト月からメソレ月まで合計一二か月あるので、七に2×12=24を加えて三一を得る。これに四日の四を加えると三五となり、それを七で割ると余りが〇となる。〇は七と考えるのでメソレ月四日は土曜日だとわかる。日曜日から土曜日までを順に、一から七までの数字に対応させているのである。

(訳注5)　水曜日が一、木曜日が二、金曜日が三、土曜日が四、日曜日が五、月曜日が六、そして火曜日が七と考えるということ。

(訳注6)　アレクサンドリアの太陽暦が九五年で曜日が繰り返されることを具体的にみてみよう。まず、一年は365日=52週×7+1日ということで、毎年、曜日を一つずらす余分の日があるわけである。九五年では95（=13×7+4）日分の余分の日とさらに閏日がある。いま、九五年周期の最初の九二年を閏周期の数四で割ると商二三が得られる。閏周期が二三回あるわけである。すると九二年間、23（=3×7+2）閏日があったわけで、これを九五の追加日に加えると合計一一八日になる。118=7×16+6であるから、問題は残りの三年間にさらに閏日があるのかどうかということになる。もし九三年目の年が平年である場合、その年は閏年の翌年、三年連続する平年の真ん中の年、閏年の前年のいずれかということになる。仮に真ん中の年であれば、九五年目が閏年になる。閏年の前年ならば、九四年が閏年ということになる。どちらにせよ、合計で一一九日の余分の日があることになり、119=17×7という週の数7の倍数となり、九六年目の曜日は九五年前の、周期一番最初の年の曜日と同じになる。しかし九三年目が閏年の翌年であるとすれば、九五年目が閏年の前年、すなわち平年になる。したがって、周期の一年目の一月一日と九六年目の一月一日の間には余分の日が一一八日しかなく、後者の一月一日の曜日は前者のそれよりも一つ前のものになる。閏日を迎えると余分の日が１１９日となって、週の数七の倍数になる。ところで、もし九三年目（したがって最初の年もそうなるのだが）が閏年の場合には、九六年目が平年になり、一月一日から一月一日まで二四回、閏日があることになるものの、九六年目（平年）の閏日以降の日付については、周期の対応する日付の間に二三日しか閏日がないわけで、年の曜日は一つ戻ることになる。したがって、ディオニュシウスの復活祭表の初年、すなわち五三二年（一月一日、木曜日）から曜日を考えると、次のようになる。五三二年は閏年であり、三月一日は閏日（二月二九日）の翌日である。

	西暦五三二年	六二七年	七二二年	八一七年	九一二年
一月一日	木曜日	木曜日	木曜日	木曜日	水曜日
三月一日	月曜日	日曜日	日曜日	日曜日	日曜日

五三二年からはじまる周期の次の周期（六二七年から開始）の初年、三月一日の曜日は一つ戻っている。さらに表からわかるように、西暦八一七年からはじまる周期では九三年目が閏年の翌年であるゆえ、次の周期の一月一日は曜日が一つ前に戻っている。

訳者あとがき

本書は、リオフランク・ホルフォード＝ストレブンズ著 *A History of Time: A Short Introduction* (Oxford University Press) の翻訳である。一三〇頁余りの原書は時間的、空間的にも膨大な範囲を扱っている。古典語、中世やルネサンス時代の音楽についても造詣が深い著者の、暦とそれに基づく人間の習慣についての本書を読むと、その方面の知識の膨大さに驚くばかりである。オックスフォード大学で博士号を取得した後、二〇一一年まではコンサルタント・スカラー・編集者として同大学の出版局で勤務されたとのことである。

暦には太陽の動きを基本とする太陽暦と、月の動きを基本とする太陰暦がある。本書はいかに太陰暦が太陽暦とのずれをなくそうとしてきたか、その歴史について多くを語っている。太陽暦自体、太陽の動きとのずれの解消に四苦八苦するなか、その不完全な太陽暦の歩みに、不完全な太陰暦を合わせようとする数々の試みは、人間の知恵の歴史を如実に物語る。キリスト教社会において、両暦の歩調を合わせる試みが復活祭の日付を知るための目的をはらんでいたことが興味深い。両者の歯車が何年かおきに再びかみ合うということがわかれば、その後はその周期ごとに復活祭の日取りの表を作成できるわけである。

本書には文章だけでは理解が難しい箇所がある。インドの暦における半月の仕組み、アレクサンドリアの暦における曜日の周期性は、その代表である。そうした箇所は鉛筆を手にとって紙に著者の説明を図にかいて考えてみていただきたい。そのことで理解が進む箇所もあるからである。

翻訳で気になったことを、三点申し上げたい。一つは頻出する“civil calendar”という用語である。「民間の暦」と訳すべきか、あるいはユダヤ暦での「政暦」(「教暦」の反対語)ということばをユダヤ暦以外の場においても使用すべきかどうか迷った。この用語の意味するところは宗教暦に対する世俗的な暦のことである。本書では「法律で定められた」という語を使うことにした。第二の点は外来語のカタカナ表記である。各言語、翻訳においてはカタカナ化する場合の慣習というものがある。多くの言語を扱う本書においてはそうした慣習にすべて従うことはできず、その代わり、母国語としての音にできるだけ近く訳そうと試みたが十分ではない。最後に本書に付けた「訳注」である。本書の翻訳作業においては、著者が紙面の関係から本に盛り込めなかった背景的知識が多々あるようだ。著者に訳者がその知識を尋ねてまとめた事柄を著者の許可の下、訳注に載せた。第二章、第四章(1、7、15を除く)、第七章(2、

3、5、11のみ)、付録Bの注はそうした性質の注である。たび重なる訳者の質問にいつでもすぐに答えてくださった著者にはお礼の言葉もない。

本書の翻訳のお話は日本時間学会会長の辻 正二先生からいただいた。深く感謝申し上げたい。翻訳の作業では多くの方のお知恵を拝借した。この場で厚くお礼申し上げたい。なかでも山口大学人文学部、脇條靖弘先生(ギリシャ哲学)には古典語と復活祭表の解読を助けていただいた。同大学経済学部の武本ティモシー先生には、英語のみならず欧米の習慣を、そして友人のダニエル・マロック氏にはユダヤ暦をはじめ、数多くのことを教わった。また茨城大学人文学部の岡崎正男先生には英語学の観点から何度もご教示いただいた。

訳者の勤務する山口大学には全国でも珍しい「時間学研究所」がある。研究所のメンバーである藤澤健太先生(電波天文学)、右田裕規先生(社会学・祝祭論)には翻訳作業期間を通じてお世話になったことを、深く感謝申し上げたい。

最後になってしまうが、丸善出版企画・編集部の松平彩子氏には、多大なご迷惑をおかけしつつ、大変お世話になった。心からお礼申し上げる次第である。

浅薄な知識しか持ち合わせておらず、不十分な訳になってしまったところも多い。訳者の未熟さ故とお許し頂きたい。読者の方々のご指摘をいただければ幸いである。

二〇一三年九月

正宗　聡

資料18
National Portrait Gallery, London

資料19
The Bodleian Library, University of Oxford（MS Ashmole 328, p. 85）

資料20
Musée Gallo-Romain de Lyon,France. © Ch. Thioc

資料21
Paris, Bibliothèque Nationale de France. © Lauros/Giraudon/www.bridgeman.co.uk

資料22
© Charles and Josette Lenars/Corbis

資料23
From É. Biémont, *Rythmes du temps*（Paris and Brussels: De Boeck & Larcier, 2000）

資料24
Palermo, Museo Nazionale Archeologico. Photo: akg-images/Erich Lessing

資料25
From *Inscriptiones Italiae*, xiii/1,ed. A. Degrassi（Rome, Istituto Poligrafico e Zecca dello Stato, S.p.A.）

資料26
From Sir Alan Gardiner, *Egypt of the Pharaohs*（Oxford University Press, 1961 and reprints）, pl. iii

資料の出典

資料1
Hildesheim, Roemer- und Pelizaeus Museum（inv. no. PM 5999）

資料2
The Trustees of the British Museum（inv. no. 123340）

資料3
Oxford, Museum of the History of Science（inv. no. 44600）

資料9
Rome, Museo Nazionale Romano in Palazzo Massimo alle Terme. By permission of Ministero per i Beni e le Attività Culturali/ Soprintendenza Archeologica di Roma

資料10
The Bodleian Library, University of Oxford（Douce A.618（16））

資料11
The Trustees of the British Museum（inv. no. Cc, 2-182）

資料12
Ravenna, Museo Arcivescovile/ Opera di Religione della Diocesi di Ravenna

資料13
Karlsruhe, Badische Landesbibliothek,（Aug. perg. 167, fol. 12v.）

資料14
From Clavius' *Romani calendarii . . . explicatio*（Rome,1601）, the British Library, London（532.k.10, p. 506）

資料15
Vatican City, Biblioteca Apostolica Vaticana,（Romanus I, Barberini lat. 2154, fol. 8）

資料16
From *Inscriptiones Italiae,* xiii/2,ed. A. Degrassi（Rome: Istituto Poligrafico e Zecca dello Stato, S.p.A.）

資料17
Corpus Inscriptionum Latinarum, iv. 8863, from W. Krenkel, *Pompeianische Inschriften*（Leipzig: Koehler & Amelang Verlag, 1961）

ルーナー・サイクル　メトン周期，とりわけビザンティン帝国の復活祭表で用いられたものを指す．

即位年なしのシステム　即位紀元の数え方の1つで，王の即位から新年のはじまりまでの期間をその紀元の元年に含めるやり方.

太陰太陽暦　エンボリズムによって調整し，季節と合わせた暦のこと.

太陰暦　月と地球の自転に基づく暦.

太陽周期　28年周期のことで，一周期が終わるたびに週と閏年の周期が繰り返される.

太陽暦　太陽の周りを回る地球の公転に基づいた暦.

追加の日　一月《ひとつき》に元々，組み入れていないものの，調整のために加える日.

不安定な年（アンヌス・ウァグス（複数形：アンニー・ウァギー））　移動年．閏調整をしていない暦上の1年のこと.

分点　夜と昼がそれぞれ12時間になる日（春分点と秋分点とがある）.

平均太陽時　地球と太陽との間の距離が1年を通して一定であることを前提として，太陽をもとに計る時間（視太陽時）に調整を加えたもの（訳注：実際は地球の軌道は楕円形なので「地球と太陽との間の距離は一定ではなく」，そのため平均太陽時は太陽の位置から直接得られる時（視太陽時）から少しずれる．本文で説明されていたように，このずれを均時差といい，最大で±15分程度の差となる）．機械時計によって計る時間.

平年　閏調整をしない年.

フェーリア（複数形：フェーリアェ）　曜日.

満ちた月　太陰暦において，30日ある月のこと．（訳注：日本語では「大の月」という）「空ろな月」の反対語.

ミレズィム　年の通し番号（シリアルナンバー）.

名目上の日　旧暦の日付（月数・日数）と表面的・名目的に合致する新暦上の日付.

メトン周期　7つの閏月（エンボリズム）を含む太陰暦上の19年周期のこと.

リューン　太陰暦上の日付．月齢と同じことになる.

月期（lunation） 新月から新月までの期間.「朔望月《さくぼう》」ともよばれる.

恒星年 地球からみて太陽が恒星に対して再び同じ位置をとるときまでの時間.

皇帝布告周期 恐らくは西暦312年から313年の間に制定された15年周期のこと．あるいは，ある年がこの周期上で位置する場所のこと（例：第5皇帝布告＝この周期の5年目).

コンカレント（以前は，コンカランツ（複数）あるいはコンカラント・デイズと表記） 年と週の関係を表す数のこと．西方教会の暦では3月24日の曜日のこととして理解されている.

朔望月《さくぼう》 月期と同じ.

サルトゥス（正式にはサルトゥス・ルーナエ） 太陰暦上で，ある日付から2つ先の日付へと日を跳ばすこと.

自然の日 地軸で回る地球の自転の長さ．24時間のこと．あるいは，ある祝日の暦改革以前に占めていた日付を改革後の暦上で時期的に同じ位置で対応させた場合の日にちのこと（訳注：仙台市で8月6日から行われている「七夕祭」が身近な例としてある．名目上は7月7日であるが，旧暦の時期に合わせてずらしている).

視太陽時 観測した太陽で計られた時間，日時計で計った時間（「平均太陽時」の反対語).

19年周期 アレクサンドリアおよび西方教会の復活祭日の表で用いられたメトン周期のこと.

主日文字 AからGまでの文字を使った周期で，暦の中の日に対して書かれている．もしくは，特定の年の日曜日に対応するその文字のこと.

人為的な日 日中のこと.

新スタイル（New Style） 法律的な側面からだけ見たグレゴリオ暦のこと.

即位年システム 即位紀元の数え方の1つで，王の即位から新年のはじまりまでの期間を考慮しないやり方.

用語集

新しい月　（訳注）ここでは新月の次の日の細い三日月をさす.

空ろな月　太陰暦において，29日ある月のこと（訳注：日本語では「小の月」という).「満ちた月」の反対語.

エパクト　太陽暦の1年と太陰暦との関係を示す特定の日の太陰暦上での日付（訳注：エパクトについて以下の文章ではじまる説明が参考になる.「暦年のある一定日における月齢をエパクトとよぶ. はじめは，3月22日における月齢をエパクトとしていたが，1582年グレゴリー13世の改暦のときに，これを年首における月齢をもってエパクトとした. ここで月齢とは，朔の日から経過した某日までの日数である.」渡邉敏夫『暦入門　暦のすべて』雄山閣，2012年より).

エポック　ある紀元がそこから数え始められる時点.

エンボリズム　閏調整という意味であるが，この語は特に追加される月（閏月）について用いられる.

黄金数　19年周期における年の位置.

回帰年　春分から春分までの期間. 天文学的には，歳差に関して太陽が黄道上を完全に一周する時間.

カレント・イヤーズ（current years）　年の数え方において，現在の年も含めて数える方法（訳注：日本語でいう「数え年」の数え方).

旧スタイル（Old Style）　ユリウス暦のこと.

経過年方式　年の数え方において，年が完全に過ぎ去った後にその年を数える方法.

さ 行

た 行

な 行

は 行

ま 行

索　引

原著者紹介
Leofranc Holford-Strevens（リオフランク・ホルフォード‐ストレブンズ）
元・オックスフォード大学出版局学術顧問．オックスフォード大学で博士号を取得．2011 年までコンサルタント・スカラー・編集者として同大学出版局で勤務．

訳者紹介
正宗　聡（まさむね・さとし）
山口大学教授．慶應義塾大学大学院文学研究科博士課程満期退学．専門は「現代英文学と時間」．主な論文に Yearning for the Inaccessible: The First Person Narrator and Interiors of "Other People" in Martin Amis's *Other People* (1981), *SHIRON* (2011) がある．

サイエンス・パレット 009
暦と時間の歴史

平成 25 年 9 月 30 日　発　行

訳　者　正　宗　　聡

発行者　池　田　和　博

発行所　丸善出版株式会社
〒101-0051 東京都千代田区神田神保町二丁目17番
編集：電話 (03) 3512-3264／FAX (03) 3512-3272
営業：電話 (03) 3512-3256／FAX (03) 3512-3270
http://pub.maruzen.co.jp/

組版印刷／製本・大日本印刷株式会社

ISBN 978-4-621-08709-1 C0344　Printed in Japan